物理学科素养阅读丛书

丛书主编　赵长林　　　　丛书执行主编　李朝明

物理学中的假说

李玉峰　李才强　崔　磊　等著

SPM 南方传媒

全国优秀出版社

全国百佳图书出版单位

广东教育出版社

·广 州·

图书在版编目（CIP）数据

物理学中的假说 / 李玉峰等著 . — 广州：广东教育出版社，
2024.3
（物理学科素养阅读丛书 / 赵长林主编）
ISBN 978-7-5548-5357-3

Ⅰ . ①物… Ⅱ . ①李… Ⅲ . ①物理学 Ⅳ . ① O4

中国版本图书馆 CIP 数据核字（2022）第 253479 号

物理学中的假说
WULIXUE ZHONG DE JIASHUO

出 版 人：朱文清
策 划 人：李世豪　唐俊杰
责任编辑：李彩莲
责任技编：余志军
装帧设计：陈宇丹　彭　力
责任校对：黄　莹
出版发行：广东教育出版社
　　　　　（广州市环市东路472号12—15楼　邮政编码：510075）
销售热线：020-87615809
网　　址：http://www.gjs.cn
E - mail：gjs-quality@nfcb.com.cn
经　　销：广东新华发行集团股份有限公司
印　　刷：广州市岭美文化科技有限公司印刷
　　　　　（广州市荔湾区花地大道南海南工商贸易区A幢）
规　　格：787 mm×980 mm　1/16
印　　张：15.5
字　　数：388千字
版　　次：2024年3月第1版　2024年3月第1次印刷
定　　价：58.00元

若发现因印装质量问题影响阅读，请与本社联系调换（电话：020-87613102）

总序

学习物理的门径

　　由赵长林教授担任丛书主编的"物理学科素养阅读丛书"，述及与中学物理课程密切相关的物理学中的假说、模型、基本物理量、常量、实验、思想实验、悖论与佯谬、前沿科学与技术等方面。丛书定位准确，视野开阔，既有深入的介绍分析，也有进一步的提炼、概括和提高，还从不同的视点，比如说科学哲学或逻辑学的角度进行解读，对理解物理学科的知识体系，进而形成科学的自然观和世界观，发展科学思维和探究能力，融合科学、技术和工程于一体，养成科学的态度和可持续发展的责任感有很大的帮助。丛书文字既深入严谨又通俗易懂，是一套适合学生的学科阅读读物。

　　丛书的第一个特点是突出了物理学的思想方法。

　　物理学对于人类的重大贡献之一就在于它在科学探索的过程中逐步形成了一套理性的、严谨的思想方法。在物理学的思想方法形成之前，人们不是从实际出发去认识世界，而是从主观的臆想或者神学的主张出发建立起一套唯心的理论，也不要求理论通过实践来检验。物理学推翻了这种以主观臆测和神学主张为基础的思想方法，在探究自然的过程中开展广泛而细致的观察，在观察的基础上通过理性的归纳形成物理概念，再配合以精确的测量，将物理概念加以量化，进一步探索研究量化的物理规律，形成物理学的理论体系。这种方法将抽象的、形而上的理论与具象的、形而下的实践联系起来，成为人类认识和理解自然界物质运动变化规律的有力武器。物理学的思想方法非常丰富，包含了三个不同的层次。第一是最普遍的哲学方法，如：用守恒的观点去研究物质运动的方法，追求科学定律的简约性等；第二是通用的科学研究方法，如：观察、实验、抽象、归纳、演绎等经验科学方法；第三是专门化的特殊研究方法，即物理学科的规律、知识所构成的特殊方法，如光谱分析法等。物理学方法既包括高度抽象的思辨和具象实际的观察测量，也包括海阔天空的想象。物理学家在长期的科学探索活动中，形成科学知识并且不断地改变人类认识世界的方法，从物理学基本的立场观点到对事物和现象的抽象或逻辑判断，再到一些特有的方法和技巧，这些都是人类赖以不断发展进步的途径。因此，物理学的思想方法就不仅涉及自然，还涉及人和自然的相互作用与对人本身的认识。抓住物理的思想方法，不仅有利于深入理解物理学的知识体系，还有利于形成科学的自然观和世界观，达到立德树人的目标。

丛书的第二个特点是注意引发学生的学习欲望，从而进行深度学习。

现代教育心理学研究告诉我们，在学校环境下学生的学习过程有两个特点①：第一，学生的学习和学生本身是不可分离的。这就是说，在具体的学习情境中，纯粹抽象的"学习"是不存在或不可能发生的，存在的只是具体某个学生的学习，如"同学甲的学习"或"同学乙的学习"。第二，学生所采取的学习策略与学习动机是两位一体的，有什么样的动机，就会采取与之相匹配的学习策略，这种匹配的"动机-策略"称为学习方式。也就是说，如果同学甲对所学的内容没有求知的欲望或不感兴趣，那他在学习时就会采取被动应付的态度和马虎了事的策略，对所学内容不求甚解、死记硬背，或根本放弃学习。相反，如果同学乙有强烈的学习欲望或对学习内容有浓厚的兴趣，他就会深入地探究所学内容的含义，理解各种有

① BIGGS J, WATKINS D. Classroom learning: educational psychology for Asian teacher [M]. Singapore: Prentice Hall, 1995.

关内容之间的关系，逐步了解和掌握相关的学习与探究的方法。第一种（同学甲）的学习方式是表层式的学习，第二种（同学乙）的学习方式是深层式的学习。此外，在东亚文化圈的学生中还大量存在着第三种学习方式——成就式的学习，即学生对学习的内容本来没有兴趣和欲望，但为学习的结果（如考试分数）带来的好处所驱动，会采取一些能够获得好成绩的策略（如努力地多做练习题）。在同一个学校、同一间课室里学习的学生，由于他们的动机和策略，也就是学习方式的不同，产生了不同的学习效果。当然，效果还与学生的元认知水平及天资有关。本丛书的作者有意识地提倡深度（深层次）的阅读，书中的大部分内容以问题为引子，用历史故事或相互矛盾的现象，引发读者的好奇，再按照物理发现的思路逐步引导读者探究问题。在这一过程中，注意点明探究和解决问题遵循的思路和方法，达到引导读者进行深度学习的目的。

丛书的第三个特点在于详细、深入、系统地介绍对启迪物理思维有重要作用的相关知识，注意通过知识培养素养。

有的人也许会问，今天的教育是以培养和发展学生的科学素养为核心，知识学习是次要的，有必要花那么多时间来学习知识吗？这种观点是片面和错误的。物理学的成就首先就表现为一个以严谨的框架组织起来的概念体系。如果对物理学的知识体系没有基本和必要的了解，就无法理解物理，无法按照科学的方法去思考和探究。确实，物理学知识浩如烟海，一个人即使穷其毕生之力也只能了解其中的一小部分，就算积累了不少物理知识，但如果不能抓住将知识组织起来的脉络和纲领，得到的也只是一些孤立的知识碎片，不能构成对物理学的整体的理解。然而，物理学的知识又是系统而严谨的。每一个概念以及概念之间的关系都有牢固的现实基础和逻辑依据，从简单到复杂，从宏观到微观，从低速到高速，步步为营，相互贯通，反映了现实世界的"真实"。物理知识是纷繁复杂的，也是简要和谐的。只要抓住了物理知识体系的纲领脉络，就能够化繁为简，找到通往知识顶峰的道路，以理解现实的世界，创造美好的未来，这也是物理学对人类的最大贡献之一。况且，物理学的思想方法是隐含在物理知识的背后，隐含在探索获取知识的过程之中的。对物理学知识一无所知，就不可能了解物理学的思想方法；不亲历知识探索的过程，就不可能掌握物理学的思想方法。学习物理知识是认识、理解、运用物理思想方法的必由之路，也是形成物理科学素养的坚实基础。因此，本丛书在介绍物理学知识中，一是介绍物理学思想方法，帮助读者构建物理学知识体系和形成物理思维，对于培养物理学科素养很有裨益；二是扩大读者的视野，打开读者的眼界，不仅从纵向说明物理学的历史进展，介绍物理学的最新发展、物理学与技术和工程的结合，更重要的是联系科学发展的文化背景、科学与社会之间的互动与促进，认识物理学的发展在转变人的思想、行为习惯和价值观念方面的作用，体会"科学是一种在历史上起推动作用的、革命的力量"[1]，"把科学首先看成是历史发展的有力杠杆，看成是最高意义上的革命力量"[2]。

　　课改二十年过去了。一代又一代人躬身课程与教学研究，探寻、谋变、改革、创新交相呼应。本丛书是这段旅程的部分精彩呈现，相信一定会受到读者欢迎，在"立德树人"的教育实践中发挥它的应有之义。

高凌飚

2023年于羊城

----

[1] 马克思，恩格斯. 马克思恩格斯全集：第19卷［M］. 北京：人民出版社，1963：375.

[2] 马克思，恩格斯. 马克思恩格斯全集：第19卷［M］. 北京：人民出版社，1963：372.

前言

洞察物理之窗

　　相对于其他自然科学来说，物理学研究的内容是自然界最基本的，它是支撑其他自然科学研究和应用技术研究的基础学科。物理学进化史上的每一次重大革命，毫无疑义都给人们带来对世界认识图景的重大改变，并由此而产生新思想、新技术和新发明，不仅推动哲学和其他自然科学的发展，而且物理学本身还孕育出新的学科分支和技术门类。从历史上的诺贝尔奖统计情况来看，物理学与其他学科相比，获奖的人数占比更大，从一个侧面说明了这一点。我国新高考方案发布后，物理学科在中学的学科教学地位得以凸显，也正是应验了物理学科特殊的地位。

　　试举一例。

　　人们对物质结构的认识，最早始自古希腊时代的"原子说"，这个学说的创始人是德谟克利特和他的老师留基伯。他们都认为万物皆由大量不可分割的微小粒子组成，"原子"之意即在于此。德谟克利特认为，这些原子具有不同的性质，也就是说，在自然界同时存在各种各样性质不同的原子。他的"原子说"虽然粗浅，但现在仍能用来解释固体、液体和气体的某些物理现象。到了17世纪，人们的认识不再囿于纯粹的思辨和假说，各种实验、发现和发明纷至沓来。1661年，英国的物理学家和化学家玻意耳在实验的基础上提出"元素"的概念，认为"组成复杂物体的最简单物质，或在分解复杂物体时所能得到的最简单物质，就是元素"。现在化学史家们把1661年作为近代化学的开始年代，因为这一年玻意耳编写的《怀疑派化学家》一书的出版对后来化学科学的发展产生了重大而深远的影响。玻意耳因此还成为化学科学的开山祖师、近代化学的奠基人。玻意耳认为物质是由各种元素组成的，这个含义与我们现在的理解是一样的。至今我们已经找到了100多种构成物质的元素，列明在化学元素周期表上。

把原子、元素概念严格区别开来，提出"原子分子学说"的是道尔顿和阿伏加德罗。道尔顿认为，同种元素的原子都是相同的。在物质发生变化时，一种原子可以和另一种原子结合。阿伏加德罗把结合后的"复合原子"称作"分子"，认为分子是组成物质的最小单元，它与物质大量存在时所具有的性质相同。

到了19世纪中叶，有关原子、元素和分子的概念已被人们普遍接受，这为进一步研究物质结构打下了坚实的基础。

19世纪末，物理学家们立足于对电学的研究，不断思考物质结构的问题。最引人注目的发现主要有：德国物理学家伦琴利用阴极射线管进行科学研究时发现X射线；法国物理学家贝可勒尔发现了天然放射性；英国物理学家汤姆孙发现了电子。这三个重大发现在前后三年时间内完成，原子的"不可分割性"从此寿终正寝，科学家的思维开始进入原子内部。

迈入20世纪后的短短几十年间，物理学家对原子结构的探索可谓精彩纷呈，质子、中子、中微子、负电子等多种粒子的发现，不仅证实了原子的组成，而且还证实了原子是能够转变的！在伴随着科学家绘制的全新原子世界图景里，能量子、光量子、物质波、波粒二象性、不确定关系等这些与物质结构联系在一起的概念已经让人们对自然世界有了颠覆性认识！

以上是从物理学家对物质结构探索这个基本方面梳理出的一个大致脉络。循着这条线索，我们能感受到物理学在自然科学研究中所产生的强大推动力。物理学研究自然界最基本的东西还有很多方面，比如时间和空间的问题等，有兴趣的读者不妨仿照以上方式进行梳理。正是物理学对自然界这些最基本问题的不断探索所形成的自然观、世界观、方法论，引领其他自然科学的发展，对科学技术进步、生产力发展乃至整个人类文明都产生了极其深刻的影响。在这里，尤其要提到的是，以量子物理、相对论为基础的现代物理学，已经广泛渗透到各个学科和技术研究领域，成就了我们今天的生活方式。

接下来谈谈物理学的基本研究思路体系，请看图1：

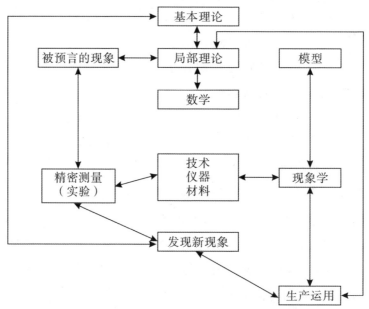

图1　物理学基本研究思路体系示意图

如果我们把这个体系看成是一个活的有机体，每个方框代表这个有机体的一个"器官"，想象一下这个有机体的生存和发展，还是很有趣的。在这个体系中，各个不同的部分互相依存，它们代表着复杂的相互作用系统，并随着时间而进化。如果切除某个"器官"，这个有机体就难以存活下去。对这种比喻性的理解，有助于我们看清物理学的基本研究思路体系的本来面目并加以重视。在理论方面，你也许会想起牛顿、麦克斯韦、爱因斯坦；在实验方面，你也许会想起伽利略、法拉第、卢瑟福；在数学方面，你也许会想起欧几里得、黎曼、希尔伯特。无论你从哪个"器官"想起谁，都会感受到这些科学家在源源不断地通过这些"器官"向这个有机体输送营养，也许未来的你也会是其中的一个。

现在，中学物理课程和教材体系基本上依照上述体系构成。为了强化对这个体系的理解，在这里有必要强调一下理论和实验（测量）的问题。二者构成物理学的基本组成部分，它们之间是对立与统一的关系。理论是在实验提供的经验材料基础上进行思维建构的结果，实验是在理论指导下，在问题的启发下，有目的地寻求验证和发现的实践活动。理论和实验发生矛盾时，就意味着物理学的进化，矛盾尖锐时，就意味着理论将有新的突破，表现为物理学的"自我革命"。一个经典的事例就是发生在20世纪之交物理学上空的"两朵乌云"［英国著名物理学家威廉·汤姆孙〔开尔文勋爵〕之语〕。他所说的"第一朵乌云",主要是指迈克耳孙-莫雷实验结果和以太漂移说相矛盾;"第二朵乌云"主要是指热学中的能量均分定理在气体比热以及热辐射能谱的理论解释中得出与实验数据不相符的结果,其中尤其以黑体辐射理论出现的"紫外灾难"最为突出。正是这"两朵乌云",导致了现代物理学的诞生。但是从物理学的发展历史来看,我们绝不可因此否认进化对物理学发展的重大意义。实际上,正是由于如第4页图中所展示出来各要素之间的相互作用,物理学才会处于进化与自我革命的辩证发展中。

上面谈及的两个方面可以说是引领你进入物理学之门的准备知识,希望因此引起你对物理学的好奇,进而学习物理的兴趣日渐浓厚。要系统掌握物理学,具备今后从事物理学研究或相关工作的关键能力和必备品格,我们必须借助物理教材。教材是非常重要的启蒙文本,它是根据国家发布的课程方案和课程标准来编制的,大的目标是促进学生全面且有个性的发展,为学生适应社会生活、职业发展和高等教育作准备,为学生的终身发展奠定基础。现在的物理教材非常注重学科核心素养的培养,主要体现在物理观念、科学思维、科学探究、科学态度与责任四个方面。在这四个方面中,科学思维直接辐射、影响着其他三个方面的习得，它是基于经验事实建构物理模型的抽象概括过程，是分析综合、推理论证等方法在科学领域的具体运用，是基于事实证据和科学推理对不同观点和结论提出质疑和批判，进行检验和修正，进而提出创造性见解的能力与品格。科学思维涉及的这几个方面在物理学家们的研究工作中也表现得淋漓尽致。麦克斯韦是经典电磁理论的集大成者。他总结了从奥斯特到法拉第的工作，以安培定律、法拉第电磁感应定律和他自己引入的位移电流模型为基础，运用类比和数学分析的方法建立起麦克斯韦方程组，预言电磁波的存在，证实光也是一种电磁波，从而把电、磁、光等现象统一起来，实现了物理学上的第二次大综合。在这里，我们引用麦克斯韦的一段原话来加以注脚和说明是合适的：

> 为了不用物理理论而得到物理思想，我们必须熟悉物理类比的存在。所谓物理类比，我指的是一种科学的定律与另一种科学的定律之间的部分相似性，它使得这两种科学可以互相说明。于是，所有数学科学都是建立在物理学定律与数的定律的关系上，因而精密的科学的目的，就是把自然界的问题简化为通过数的运算来确定各个量。从最普遍的类比过渡到部分类比，我们就可以在两种不同的产生光的物理理论的现象之间找到数学形式的相似性。

　　这几年，我和粤教版国标高中物理教材的编写与出版打起了交道。在工作中深感教材编写工作责任重大，在教材中落实好学科核心素养并不是一件容易的事情。作为编写者，必须对物理学的世界图景独具慧眼，尽可能做到让学生"窥一斑而知全豹，处一隅而观全局"，还要有"众里寻他千百度，蓦然回首，那人却在灯火阑珊处"的感悟。渐渐地，我心中萌生起以物理教材为支点，为学生编写一套物理学科素养阅读丛书的想法。经过与我的同门学友、德州学院校长赵长林教授充分探讨后，我们将选材视角放在了物理教材涉及的比较重要的关键词上——七个基本物理量、假说、模型、实验、思想实验、常量、悖论与佯谬、前沿科学与技术，试图通过物理学的这些"窗口"让学生跟随物理学家们的足迹，领略物理学的风景，从历史与发展的角度去追寻物理学科核心素养的源泉。这些想法很快得到了来自高校的年轻学者和中学一线名师的积极呼应，他们纷纷表示，这是一个对当前中学物理学科教学"功德无量"的出版工程，非常值得去做，而且要做到最好。令我感动的是，自愿参加这个项目写作的作者经常在工作之余和我探讨写作方案，数易其稿，遇到困惑时还买来各种书籍学习参考。最值得我高兴的是，赵长林教授欣然应允我的邀约，担任丛书主编，在学术上为本丛书把脉。在本丛

　　书即将付梓之时，我代表丛书主编对这个编写团队中相识的和还未曾谋面的各位作者表示衷心的感谢，对大家的辛勤劳动和付出致以崇高的敬意！

　　本丛书的出版得到了广东教育学会中小学生阅读研究专业委员会和广东省中学物理教师们的大力支持，在此一并致谢！

李朝明

2023年11月

目录

3 / 物理学发展史上第一次大综合
—— 牛顿万有引力定律

4 / 热的本性探讨
—— 热质说

5 / 19 世纪光的本质
—— 光的波动说

6／　**磁铁磁性的起源**
　　　—— *安培分子电流假说*

7／　**揭开 20 世纪经典物理学大厦**
　　　乌云神秘的面纱
　　　—— *普朗克能量子假说*

8／死而复生的粒子说
——光量子假说

9／颠覆你的时空观念
—— 爱因斯坦狭义相对论假说

10 / 青年博士的独创
—— 德布罗意假说

11 / 宇宙从哪里来
—— 大爆炸理论

12/ 华人之光
—— 弱作用中宇称不守恒假说

假说

——通向真实未知物理世界的阶梯

物理学是一门有严密逻辑体系的自然科学学科，假说是对观察实验获得的新现象、新问题进行分析，建立物理理论的重要步骤。下面将通过物理学的知识结构、假说的形成与发展，探讨假说与物理发展的关系。

一、物理学的知识结构

自然科学的知识结构是一门学科所包含的要素之间的组织方式[①]，作为基础自然科学——物理学的知识体系是由物理学的事实、概念、范畴、定律、逻辑形式等构成的。

（一）物理事实

物理事实是经过系统的、概括的形式表现出来的事实，是确立物理学规律的基础和检验物理学规律的证据。物理事实主要包括经验事实、观测材料、实验数据等。

（二）物理学的概念和范畴

物理概念是构成物理学理论的细胞，是科学研究的成果和经验总结。范畴是反映物理学具体学科的对象、内容和方法特点的一般概念，是物理学的基本概念，比如"物理是研究自然界物质结构、相互作用和运动规律的自然科学"[②]，物质、能量、空间、时间及它们之间的相互作用，是物理学的基本研究范畴。

按照物理概念所反映的客观对象的性质和层次，可以把物

---

① 文贞中. 自然科学概论［M］. 南京：南京大学出版社，2002：16.
② 中华人民共和国教育部. 普通高中物理课程标准：2017年版［S］. 2020年修订. 北京：人民教育出版社，2020：1.

理概念分成实体概念、属性概念、关系概念，实体概念是反映物质客体的概念，如原子、磁场；属性概念是反映对象具有的特质的概念，如惯性、温度；关系概念是反映对象之间关系或自然过程的内部机制的概念，如电磁感应、熵。

（三）物理定理、定律和学说

物理学定理、定律和学说运用了物理概念揭示事物的本质联系，反映了对物理学规律性的认识，但是三者也存在一定的区别。

在物理学中，用定理来表示特定条件下的自然事实，着重反映数学上的必然性，需要数学表达式，如动能定理。定律是客观规律的表述形式，着重强调自然过程的必然性，如万有引力定律。学说是对自然过程原因的解释，是研究者为解释自然事物、自然属性、自然规律的原因而提出的见解，当这种见解被实践验证时，就形成了物理学的理论；没有被证实，学说表现为假说的形式。

（四）科学方法

科学方法是研究事实和发现规律的基本思路和方法。物理方法有观察法、实验法、类比法、分析法、图像法、比较法、综合法、控制变量法、图表法、归纳法等。按照科学认知过程，物理方法可以分为感性方法和理性方法。感性方法是获得科学事实的方法，包括观察法和实验法；理性方法是对观察实验获得的科学事实进行分析，达到新的科学认知的思考步骤，包括假说方法、数学方法、逻辑方法和非逻辑方法。

（五）物理理论

物理理论是在大量经验事实的基础上，以物理概念为基石，以物理规律为核心，借助逻辑和数学方法，构筑的包含经典物理学、现代物理学以及分支学科的知识体系。物理学理论是由一系列概念、范畴、原理、定理、公式等组成的逻辑系统，如图。物理学理论的基本特点是外部的证实和内外的完备，具有解释和预见功能。

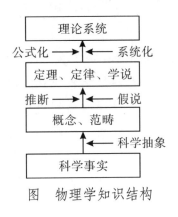

图　物理学知识结构

二、物理假说的形成与发展

物理假说是研究者面对新实验、新现象和新问题等物理事实，结合原来的物理学体系不断思考，大胆猜想和假设，给出的假定性解释。这种推测性的思维过程依靠直觉思维，具有整体性、跳跃性、猜测性的特点，是最具创造性的活动。

（一）假说的形成

1. 物理假说的来源。（1）理论与实践的矛盾：一个新的事实被观察到了，过去用来说明同类事实的理论无法解释该事实，就需要新的解释方式。比如勒纳德发现了光电效应的实验规律，其实验事实与经典理论产生了尖锐的矛盾，而爱因斯坦在普朗克能量子假说的基础上提出光量子假说，完美解释了光电效应。（2）理论自身的矛盾：由于人类认识的局限性，一定阶段自洽的理论在另一阶段就会发现不自洽的一面。比如爱因斯坦狭义相对论的两条基本假设是在深入分析伽利略相对性原理、牛顿力学、麦克斯韦电动力学之间的矛盾后建立的。（3）理论的新突破：理论的突破标志着人类对自然的认识进一步深化，使得理论一方面更好地说明自然现象，另一方面能够逻辑地预见新的、即将为我们感知的事物和规律。比如麦克斯韦电磁理论的建立带来了电磁波的预言。

2. 提出物理假说遵循的原则。（1）解释性原则：在某一领域内的假说，要能解释一致全部的事实和实验规律，否则要进行修正或摒弃，如汤姆孙原子结构模型与α粒子散射实验矛盾，需要摒弃。（2）预见性原则：物理假说要能提供进一步研究的方向，如爱因斯坦狭义相对论质能关系$E=mc^2$预言了原子能的存在。（3）可检验原则：物理假说必须能够接受检验，可以被直接或间接检验，如玻尔原子假说能接受原子光谱的检验，麦克斯韦位移电流假说能间接接受现代无线电技术的检验。（4）简洁性原则：物理假说要尽量简洁，现代物理学家把简洁性看成一个很重要的哲学信念，如科学巨匠爱因斯坦认为"物理上真实的东西一定是逻辑上简单的东西"。

3. 构建假说的基本方法。（1）类比法：通过对两个不同的物理事物进行比较，找出它们的相似点或相同点，然后以此为依据，把其中某一物理事物的相关知识迁移到另一物理事物中去，从而对另一物理事物的规律作出假定性的说明。比如卢瑟福受到太阳系模型的启发，再根据 α 粒子散射实验的结果，提出原子核结构模型。（2）臻美法：通过对美的追求，探索物理事物的本质和规律，从而提出假说。在物理学的研究中，对科学美的追求是科学家永恒的目标，理论的完善过程就是一种臻美的过程，比如爱因斯坦的光量子假说是在牛顿与惠更斯的学说基础上，吸收两人假说的合理之处，构建出符合物理事实的光与粒子的完美对立统一体"光子"。（3）逆向思维法：指为实现某一创新或解决某一因常规思路难以解决的问题而采取反向思维提出物理假说的方法。比如 L·德布罗意在接触了光量子假说后思考，提出德布罗意波假说：光量子假说把过去认为本质上是波的光加以粒子化，那么本质上是粒子的实物粒子可以看成波，具有波动性。该假说被认为是物理学史上最有创新精神的假说。（4）理想化方法：是对实际问题的科学抽象，抓住研究对象或研究过程的本质，忽略次要因素，使得物理过程或物理图像更加清晰。比如爱因斯坦采用理想化的电梯实验，导致广义相对论中"等效原理"假说的提出。

（二）假说的发展

作为有待验证的理论——物理假说形成以后，要寻找事实根据，作出实例说明，得到一些结论，然后反馈进行检验，此过程大多是从一般到特殊的演绎过程，需要应用逻辑思维。

当假说经受住了观察与实验的检验之后，便发展为理论，如热的唯动说、光的电磁波说、量子假说、物质波假说等等。当假说被实践证明是错误的之后，这种假说就要被否定，或者不断修正形成新的假说，逐渐接近真理。

三、物理假说在物理发展中的作用

物理学的发展历史表明，物理假说是形成物理理论的过渡阶段，是人们的认识不断接近客观真理的方式。

（一）假说使物理学研究带有自觉性

假说是对物理学新现象及其规律性的一种推测性解释，研究者根据这种解释确定自己具体的研究方向，选择适当的研究方法，设计实验与观察，使得假说验证工作有计划、有目的地进行。比如为了解释黑体辐射现象，普朗克在维恩和瑞利经验公式的基础上提出能量子假说，直到爱因斯坦提出光量子概念，人们对光的认识产生了飞跃。

（二）假说是建立和发展物理理论的桥梁

物理理论是对物质世界客观规律的正确描述，由于受到条件的限制，需要不断地积累实验材料、增加假说中科学性的内容，减少假定的成分，逐步建立正确的理论。比如原子结构模型的建立，从汤姆孙模型、卢瑟福模型、玻尔模型、玻尔-索末菲模型再到电子云模型，不断接近原子的结构真相。

（三）以假说为工具，揭示新的事实

以假说为指导，做出新的判断，解释新的事实。比如1956年以前，物理学界都认为宇称都守恒，李政道、杨振宁针对所谓$\theta-\tau$之谜，提出了弱相互作用下宇称不守恒的假说，吴健雄以此假说为指引，进行了超低温下钴-60的蜕变实验，证实了上述假说，推动了物理学的发展。

（四）不同假说的争论推动着物理学的发展

对于同一问题可能有不同的假说，假说的争论推动物理学的发展。比如笛卡尔学派与莱布尼茨学派关于如何衡量运动物体的功效问题产生的争论，笛卡尔学派认为运动量正比于速度，莱布尼茨认为功效正比于速度平方的变化，这场持续半个世纪之久的争论分别从动量、动能的角度对运动问题进行了描述。

（五）实验对物理假说的证伪推动物理学的发展

波普尔认为实验不可能最终证实一个假说，却可以证伪一个假说，被证伪的假说就要被淘汰，被修正，提出新的假说；暂时没被证伪的假说，就是暂时有效的理论。比如光的干涉、衍射实验使光的微粒说受到冲击，光电效应实验又使光的波动说受到质疑，于是在此基础上提出了光的波粒二象性，修正了宏观概念中的波和粒子，将这两种相互对立、矛盾的观点统一起来，促进人们完成了对光的本性的认识。

综上所述，假说是科学研究中一种重要的方法，也是物理学发展过程中的一种形式。本书通过系统精选近代物理学发端以来的重要物理假说，让读者体验物理假说在物理学发展中的重要作用，学习理论物理学家提出物理假说的首创精神与实验物理学家的细心求证，谨慎创造精神。

（李玉峰　聊城大学）

1

科学革命的起点

——哥白尼日心说

1543年，文艺复兴时期波兰天文学家、数学家、教会法博士、神父哥白尼的《天体运行论》出版，哥白尼提出了日心宇宙体系，开启了近代科学革命。

图1-1　哥白尼

1.1　地心说天体模型越来越复杂

1.1.1　文艺复兴运动蓬勃发展

14世纪末，由于信仰伊斯兰教的奥斯曼帝国的入侵，东罗马帝国（拜占庭）的许多学者带着古希腊和古罗马的大批艺术珍品和文学、历史、哲学等书籍，纷纷逃往西欧避难。

随着资产阶级政治运动的开展，在思想文化领域内出现了以恢复古代希腊、罗马文化的面目为目的的"文艺复兴运动"，核心主张是人本主义，倡导个性解放，反对愚昧迷信的神学思想。这场运动首先出现于资本主义最早得到发展的意大利，并且很快扩大到整个欧洲。

1.1.2　航海技术的进步需要重视天文学

15、16世纪，欧洲资本主义生产方式有了萌芽，由阿拉伯人传入欧洲的中国四大发明之一的指南针，为欧洲海洋国家的航海活动提供了技术保证。航海者通过白天观察太阳的高度，夜间观察北极星的方位来判断所处的纬度，依靠天体定位，航海家用两根竿子在顶端连接起来，底下一根与地平线平行，上面一根对准天体（星星或太阳），就能量出偏角，然后利用偏角差来计算纬度和航程。这些航海技术的进步促使人们更加重视天文学。

1.1.3　地心说天体模型在天文学中占统治地位

古罗马数学家、天文学家托勒密系统总结了希腊的天文学成就，写成《天文学大成》十三卷，他对前人提出的地球是宇宙中心的观点进行进一步发挥和系统总结，提出了地球中心的宇宙体系，如图1-2所示。其主要观点为：（1）地球静止处于有限宇宙的中心，由近及远分别是月亮、水星、金星、太阳、火星、木星、土星和恒星天球；（2）由偏心轮、本轮—均轮和等距轮三种几何图形组成的表示一组匀速圆周运动组合的精致模型。13世纪，托马斯·阿奎那按照神学教条对托勒密理论进行改造，称自然界是由上帝创造和支配的，把地球置于宇宙的中心，其直接论据就是"地心说"。改造后的"地心说"，其基本职能已不再是揭示自然规律，而是成为支撑神学的教义，被教会捧为"权威""经典"。

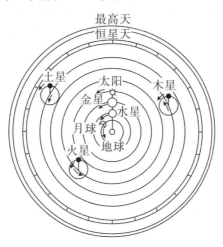

图1-2　托勒密地球中心宇宙体系

在哥白尼时代，随着不断增加的天文观测数据和天体的发现，为了描述天体运动规律，托勒密地心说模型必须再附加几十个本轮、均轮，以及大量偏心运动、等距点辅助假设才能获得与天象观测比较符合的结果。从几何学的视角来看，其唯一的弱点是托勒密宇宙体系越来越复杂。

1.2　哥白尼提出日心说

揭开近代自然科学革命的是哥白尼提出的日心说。哥白尼日心说宇宙体系的形成是大胆假设、小心求证的过程，哥白尼经历了走进天文学殿堂的大学时代，奠定日心说思想基础的留学意大利时代，推出《试论天体运行的假设》，经过36年的小心求证，最终在临死前一年出版《天体运行论》，吹响了迈进近代科学革命第一声号角。

1.2.1　大学时代：遇到恩师，走进天文学殿堂

哥白尼在十岁时因父亲去世由其舅父收养。他的舅父是埃尔门兰德地区的主教，将哥白尼兄弟二人送到当时最先进的学校之一 —— 海乌姆诺学校。哥白尼在这里获得了良好的基础教育，并为以后进大学做好了准备。哥白尼学习十分勤奋，学习成绩总是名列前茅，深受老师和同学的喜爱。

哥白尼十八岁时进入著名的克拉科夫大学读书，这所学校是全欧洲的学术中心，尤以数学和天文学闻名。哥白尼对科学和天文学有强烈的兴趣，课余时间常到图书馆阅读前人如亚里士多德、毕达哥拉斯、托勒密的拉丁文经典科学著作。

哥白尼在这里开始受到文艺复兴运动的思想影响，并且遇到了他的启蒙老师沃伊切赫教授——当时欧洲著名的天文学家、数学家，在克拉科夫大学星占学系任教。在沃伊切赫教授的悉心指导下，哥白尼学会了天文测量，学习了天文学理论，

开始走进天文学的殿堂。

哥白尼同沃伊切赫教授一起使用"三弧仪"和捕星器，观测了两次月食和一次罕见的日全食。哥白尼自己制作了一件简便的观测工具，用一个木盆盛满清水，然后滴进几滴墨水，使木盆里的清水变成黑色。日全食开始了，透过水面，哥白尼看到太阳光逐渐被月影遮住，整个太阳的视圆面缓慢地变化着。经过两分多钟的时间，太阳渐渐地恢复了原状，天空渐亮。最后，太阳复圆。这次日全食的观测给哥白尼留下了永生难忘的印象，对哥白尼的心灵造成了一次极大的震动，进一步激发了他从事天文观测和研究的热情和决心。

随着视野的逐渐开阔，哥白尼对托勒密的《天文集》一书中的观点产生了怀疑。《天文集》着重阐述了地球是宇宙的中心，静止不动，而太阳、月亮、星星都是绕着地球运转的。哥白尼想：宇宙的中心真是地球吗？地球静止不动的看法也缺乏证据。

哥白尼在阅读阿基米德的《沙数计算》时，看到了希腊哲学家阿利斯塔克关于地球绕太阳运动的说法，觉得很新奇。他当即把这一说法摘录下来："地球沿着以太阳为中心的圆周绕太阳运动，而恒星所在的天球的中心与太阳中心相符合。"这一学说也缺乏确定的证据。

哥白尼在恩师沃伊切赫教授的指导下，开始走进天文学的殿堂，开始对地心说存有怀疑并初步了解了日心说的主要观点，但是这两种学说都缺乏确定的证据。这在哥白尼所著的《天体运行论》序言中有记载。

在西塞罗的著作中查到，赫塞塔斯设想地球在运动。后来我在普卢塔尔赫的作品中也有发现，还有别的人持有这一见解……当我感觉有这种可能性的时候，我自己开始思考大地的运动了……经过长久多次的观察之后，我发现，如果把除了地球的自转之外的其他行星的运动也考虑在内，并计算出其他行星的公转和地球的公转，我们不但可以由此推出其他行星的现象，而且还可以把所有的行星、天球以及天体本身的次序和大小都联系起来，以致在任何一个部分里，改变一件东西，就必然要在其他部分及整个宇宙中造成混乱。因为这个缘故……我愿意采纳这个体系。①

1.2.2　两次留学意大利获名师指导，奠定日心说思想基础

1497—1503年，哥白尼先后两次到意大利留学，先后在博洛尼亚、帕多瓦、费拉拉等大学学习法律、数学、天文学和希腊文，获得教会法学博士，但是他最为感兴趣的还是天文学。

第一次留学意大利：合理质疑地心说。1497年哥白尼进入博洛尼亚大学学习，天文学教授诺瓦拉对哥白尼产生了深刻的影响。诺瓦拉教授不但是意大利文艺复兴运动的领导人之一，而且是闻名欧洲的天文学家、数学家，精通古希腊人的学术思想，他认为古希腊天文学的任务是对行星运动给出合理的解释，特别是按照毕达哥拉斯—柏拉图主义，用完美的、正圆的复合运动来解释行星的视运动，即拯救现象。此外，诺瓦拉还批评托勒密地心宇宙体系太琐碎繁复，不符合数学的简单和谐原则。

诺瓦拉教授重视实践，曾亲自测量过南欧一些城市的纬

---

① 威廉·塞西耳·丹皮尔. 科学史及其与哲学和宗教的关系［M］. 李珩, 译. 桂林: 广西师范大学出版社, 1975: 106-107.

度，发现这些纬度的数值同托勒密所得出的结果差别很大，于是对托勒密的"地心体系"产生了怀疑。

哥白尼跟随诺瓦拉教授学习天文学课，并学习天文观察观测天体，以实际的观测数据来检验托勒密理论的正确性，最著名的是观测金牛座的橙色亮星——毕宿五。1497年3月9日晚，哥白尼师生观测毕宿五怎样被逐渐移近的月亮所隐没，当毕宿五和月亮相接而还有一些缝隙的时候，毕宿五很快就隐没起来了。托勒密对月球运行的解释是：月亮的体积时而膨胀时而收缩，满月是膨胀的结果，新月是收缩的结果。他们精确地测定了毕宿五隐没的时间，计算出确凿不移的数据，证明那一些缝隙都是月球亏食的部分，毕宿五是被月球本身的阴影所隐没的，月球的体积并没有缩小。诺瓦拉、哥白尼师生合作观测毕宿五，证实托勒密的地心说无法解释月球的运动，找到了怀疑地心说的一个观测证据。

在诺瓦拉教授的影响下，哥白尼坚信数学的简单和谐原则，在确凿观测事实的基础上大胆质疑托勒密的地心说；为了把亚里士多德匀速圆周运动的原则严格且不变形地贯彻到底，必须对托勒密的学说进行修正。

第二次留学：遍读古希腊哲学原著。1503年哥白尼第二次留学意大利，他选择了当时欧洲最有名的帕多瓦大学就读，著名的天文学教授弗拉卡斯托罗在这所大学任教，他是一位精通哲学、医学和天文学的学者，具有广博的知识。哥白尼对弗拉卡斯托罗教授非常钦佩，他去拜访了这位教授，并详细汇报了自己学习天文学的情况和研究目标——建立太阳中心学说。教授被哥白尼多年来潜心研究天文学、敢于向传统的宗教神学挑战的精神深深感动。教授建议哥白尼认真阅读古希腊人的哲学著作，从中得到启迪；同时加强天象观测，以发现宇宙中的秘密。在此段求学期间，哥白尼为太阳中心学说寻求参考资料，潜心攻读能够弄到手的大量古希腊哲学原著。

1.2.3　奠定日心说基石

1506年哥白尼回到波兰，开始构思他的新的宇宙体系。1512年，哥白尼到波罗的海沿岸的弗罗恩堡任牧师职务，直至逝世。在任牧师职务这30年间的业余时间里，哥白尼一面继续探索他的新的宇宙体系，一面进行天文观测，太阳中心学说的理论轮廓初步形成。1514年前后，哥白尼将多年来的想法进行整理，写成论文《试论天体运行的假设》，文中简要地介绍了1502年至1514年期间他的一些思想。哥白尼没有把这篇论文发表，而是以书信的形式寄送给自己的朋友和熟悉的天文学家，寄送范围几乎覆盖了整个欧洲。

哥白尼在这篇论文中用要点方式概括地阐述了他的"太阳中心学说"新理论的基本思想：

①宇宙中不存在一个所有天体及其轨道的共同中心点。

②地球的中心不是宇宙的中心，只是重心和月球轨道的中心。

③所有天体都围绕作为自己中心点的太阳运行，因此，太阳位于宇宙中心附近。

④地球到太阳的距离与众恒星所在的天穹高度之比，就如同地球半径与地球到太阳的距离之比一样渺小。因此，地球到太阳的距离与天穹高度之比是微不足道的。

⑤人们看到天空中的所有运动，都不是由天体本身产生的，而是由地球绕其自转轴每天旋转一周造成的。

⑥使人们感觉到太阳在运动的一切现象，都不是由太阳的运动产生的，而是由地球及其大气层的运动造成的。

⑦人们看到的行星向前运动或向后运动，都不是由行星自身的运动而产生的现象，而是由地球自身运动使人们产生的错觉。

哥白尼引用古罗马大诗人西塞罗的话："没有什么东西赶得上宇宙的完整，赶得上德行的纯洁。"他用这句话表明了一个信念：宇宙是完整的、对称的、和谐的，是具有可以理解的规律和秩序的。

《试论天体运行的假设》是哥白尼学说的第一块基石，但要在这块基石上建立起宏伟的理论大厦，还需要做许多准备工作。

1.2.4 《天体运行论》出版

写成《试论天体运行的假设》以后，哥白尼为了获得更多的观测资料来进一步论证太阳中心学说，进行了长达数十年的观测和计算。

1）数十年的天象观测

在观测中，许多新发现为哥白尼探索宇宙结构新体系——日心说提供了大量有价值的材料。哥白尼观测的内容非常广泛。他对日食、月食、火星冲日、金星冲日、木星冲日、黄赤交角、春分点移动等五十多种天象都进行了观测，并做了翔实的记录。他记录了1509年和1511年的月食，1512年和1518年的火星位置，1520年的木星和土星位置，1525年金星和月亮的相食……哥白尼还将观察结果与他的理论推算相比较，他发现在每一个例证中，实际观察结果都和他的理论推算吻合。天象观测不断地丰富了哥白尼的理论，大量观测结果也雄辩地证实了他的日心说的正确性。

2）《天体运行论》写作

1525年秋天，哥白尼写作《天体运行论》的工作才在弗罗恩堡全力展开。他完成这部书曾历经一个漫长的过程。一方面，他需要稳步小心求证，努力把新宇宙体系建立在充分的观测基础上；另一方面，他完全懂得，他的新学说把流行一千多年的"神圣"的托勒密宇宙体系彻底推翻，这将撼动神权统治的理论基础，势必为教会所不容。

1539年，德国维滕堡大学青年数学讲师雷提卡斯在听说了哥白尼的新理论后专程到弗罗恩堡拜访他。两人一见如故，雷提卡斯成为哥白尼唯一的学生，哥白尼向其讲授了已经完成的著作《天体运行论》。雷提卡斯认识到哥白尼著作的重要性，建议立即出版。但直到1542年，哥白尼在生命垂危之际，才同意将其主要著作《天体运行论》交付印刷。

3）《天体运行论》主要观点

1543年哥白尼《天体运行论》出版，全书共分六卷，第一卷介绍宇宙的结构；第二卷介绍有关的数学原理；第三卷用数学描述地球的运动；第四卷介绍地球的绕轴运动和周年运动；第五卷介绍地球的卫星——月球；第六卷介绍行星运行的理论。

主要观点如下：太阳取代地球作为宇宙的中心，所有行星和地球都围绕太阳转动。

（1）简单、统一地解释了行星的视运动

哥白尼提出地球的三种运动，第一种运动是"地球自西向东绕轴昼夜自转"；第二种运动是"地心同地球上的一切周年旋转，在金星与火星轨道间的黄道上自西向东运行"；第三种是"倾斜面的运动"，即赤道面或自转轴相对于日地连线的运动，它是同第二种运动合成的结果，即使自转轴相对于恒星天球方向不变，这个合成运动就是我们今天的地球公转。

全部星空的周日旋转是由地球的自转所引起的，地球自西向东的自转，进而引起昼夜的交替变化、星辰的东升西落。太阳的周年视运动是由地球绕太阳每年公转一周而形成的。行星的不规则运动是地球绕日运动和行星绕日运动的复合。哥白尼依据地球的三种运动和各个天体固有的自身运动，用较为简洁的方式定性地解释了地面上观测到的天体运动现象。

（2）和谐统一的天球秩序

天球距离宇宙中心太阳由远及近的顺序如图1-3。最远的

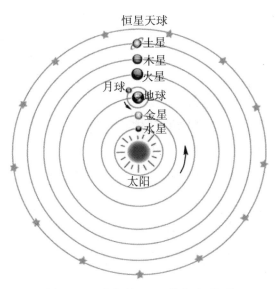

图1-3　哥白尼日心说宇宙体系

是恒星天球，包罗一切，本身是不动的，它是其他天体的位置和运动所必需的参考背景。在行星中土星的位置最远，三十年转一周；第二是木星，十二年转一周；第三是火星，两年转一周；第四是一年转一周的地球及其唯一的卫星月亮，月亮伴随地球绕太阳运行的同时，每月又绕地球旋转一周；第五是金星，九个月转一周；第六为水星，八十天转一周。

哥白尼的日心说宇宙体系为确定行星轨道的相对大小提供了一个直接的方法，并得到各行星到太阳的相对距离如表1-1：

表 1-1　行星到太阳相对距离

行星名称	哥白尼值	现代值
水星	0.3763	0.3871
金星	0.7139	0.7233
地球	1.0000	1.0000
火星	1.5198	1.5237
木星	5.2192	5.2028
土星	9.1743	9.5389

这个体系把每个行星轨道的大小、运动的速率和排列顺序关联起来，形成一个紧密的整体；特别是把中心位置给了太阳这个最大、最亮的光、热和生命的赠送者，让它从这个位置去照亮一切。这种顺序性显示：宇宙具有令人赞叹的对称性，行星的运动周期与轨道的大小有一定的和谐关系。

哥白尼的日心说宇宙体系提供了一种和谐、简单和更富有直觉意味的思维准则，启发后人对权威的论断、宗教的经典、公众的常识和经验进行重新审视。

1.3 哥白尼的继承者——日心说最终确立

哥白尼的日心说不断受到教会、大学等机构与天文学家的蔑视和嘲笑，直到出版60年后，约翰尼斯·开普勒和伽利略·伽利雷证明了哥白尼是正确的。

开普勒是德国天文学家、数学家。他深受毕达哥拉斯和柏拉图影响，坚信上帝是按照完美的数学原则来创造世界的，以数学的和谐性来探索宇宙体系。开普勒为哥白尼日心说宇宙体系的简单和谐美所震撼，他确信哥白尼的理论是正确的。开普勒一方面在第谷的天文资料基础上编制星表，一方面对行星轨道特点进行研究。对火星轨道的研究是开普勒重新研究天体运动的起点，因为这颗行星的运动与哥白尼的理论偏离最大。根据第谷资料中火星的观测数据，开普勒经过大量精密复杂的计算，尝试了多重曲线后发现，火星的轨道就是公元前3世纪已被希腊人研究过的椭圆；进而又发现每个行星都沿椭圆轨道运行，太阳就在椭圆的一个焦点上，这是著名的轨道定律。经过近6年的大量计算，开普勒得出了第一定律和第二定律，又经过10年的大量计算，得出了第三定律。开普勒第二定律和开普勒第三定律于1609年和1619年相继发表。

伽利略是通过数学逻辑相信哥白尼的学说的。同时，伽利略发明了天文望远镜，在一定程度上证明了哥白尼日心说宇宙体系的正确。伽利略在1609年自己动手组装了一架望远镜用于观测天体，结果发现了木星的四颗卫星、太阳黑子和月球凹凸不平的表面。伽利略观测到四颗卫星绕着木星旋转，并且估算出了它们的绕转周期。这个发现否定了古代人关于运动的天体只有七个的断言，又表明地球并非天体的旋转中心，这是对哥白尼学说的重要支持。卫星绕木星旋转可以视为太阳系的缩影，而太阳黑子和月球表面的凹凸不平则打破了天体完美性、不变性的教条，为地球与天体研究提供了最好的证据。伽利略还观测到金星像月亮一样能发生形状的周期性的变化，而且在不同位相时其大小不同，这表明金星是围绕太阳运转的。

在伽利略之后，英国牛顿以伽利略的平抛运动分析作为基础，借用前人提出的力和距离平方成反比的定律和向心力速度的研究成果，从开普勒第三定律推出：把行星保持在它们的轨道上的力必定与它们绕之旋转的中心到行星的距离的平方成反比，成功地证明了椭圆轨道和力的平方反比律的关系，从椭圆轨道推出了行星在某一指定时刻的位置，这一位置可以和实际的天文观测结果相比对。牛顿在总结前人研究成果的基础上提出万有引力定律，解释了为什么行星围绕太阳旋转。哈雷根据牛顿万有引力定律，计算出某颗彗星的周期约为76年，并预言它再次光顾地球的日期。1759年3月，这颗彗星如期而至，牛顿理论得到验证，从而使哥白尼的太阳中心说得到严格的、科学的论证。至此，哥白尼日心说在全世界范围内得到确认。

1.4 哥白尼日心说是一次科学革命

哥白尼的《天体运行论》是一部博大精深的科学著作，是向托勒密派宇宙体系的挑战书，也是现代天文学革命的宣言。

哥白尼的日心说是近代科学发展的起点。从近代科学发展的史实来看，以哥白尼日心说为发端，经由第谷的详细精准观测行星运动现象，开普勒描述行星运动的规律，再到牛顿合理解释行星运动规律，再到牛顿最终建立起经典力学理论。

哥白尼的日心说变革了人们的世界观。日心、地动的观点推翻了托勒密地心体系，要求人们以全新的眼光来观察和感受世界，从根本上动摇了基督教神学自然观中天体观的理论基石，不仅使科学得以从神学的羁绊和束缚中解放出来，而且使得基督教神学的自然观变成了谎言，进而使整个基督教的上帝创世说成为谎言，影响了人们的信仰和思想。

哥白尼日心说对科学方法论、认识论的启迪。哥白尼《天体运行论》的出版，用"日心说"取代了托勒密的"地心说"，这使得人们发现仅仅依靠简单常识、直觉经验得出的理论是不可信的，要像哥白尼一样，以观测数据为基础，看透行星运动现象的本质，提出假说，并由实践来检验，由此开创了科学理论与直接经验非直接统一的新传统，引入了理性思维。通过理性把握事物的真相，必须依靠科学方法。自然科学主要的发展动力是类比，类比可以把一个已知的东西完全移植到未知的领域，在未知的领域提出新的假说。哥白尼运用类比的方法，把地球上的直线相对运动与天体的圆周运动相类比，认清了地球绕日运动与太阳绕地运动在视运动上的等效性。这使他提出了明确的"日心说"。假说是基于观测的由理性主导的创造，如在哥白尼的宇宙体系的假定中，天是球形的，地也是球形的，太阳位于宇宙中心，地球围绕太阳转动。假说的真实性不依赖于逻辑，不在理论内部，而在于最终的实验结果是否符合先前的预期，即验证。从日心说提出到最终得到证实的两百多年里，人们摒弃了仅靠经验直觉和纯粹思辨来认识世界的学术传统，探索出以精密的数学分析与实验方法相结合的科学发展新路径，全面实现了科学认识的理性变革。

（李才强　潍坊滨海中学）

2

18 世纪光的本性

——光的微粒说

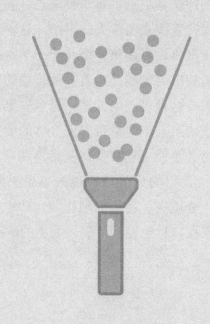

牛顿在1672年的论文《关于光和颜色的新理论》中探讨了光的本性，提出微粒说，认为光是由发光体连续不断发射出来的微粒。微粒说成功地解释了光的直线传播定律、影的形成、光的反射定律、折射和双折射现象。微粒说在17世纪和18世纪为科学界所普遍接受，在19世纪被光的波动说取代，在20世纪被统一于光的波粒二象性。

2.1 光的本性的探索

关于光的本性，古人有一些思辨的认识，到了近代，几何光学的发展，干涉、衍射、双折射和偏振现象的发现，英国皇家学会的成立，均为牛顿的光学研究奠定了基础。

2.1.1 光的本性古代认识

对光的本性的研究可以从古希腊算起，当时已经形成关于光的本性的三种基本观点。第一种观点：光是连接发光体和人眼的某种光线，光线来源于人的眼睛。这种观点开始有很多追随者，如欧几里得在表述第一个几何光学定律——光的直线传播时说"眼睛放出的光线是沿着直线传播的"。托勒密也持这一观点。后来持这种观点的人越来越少。第二种观点：发光体发射出的光线映入人眼时总带有发光体的痕迹。持这一观点的人物有原子论者德谟克利特、伊壁鸠鲁和卢克莱修。根据这一观点形成了17世纪的光的微粒说的思想来源。第三种观点：光是在空间（介质中）传播的动作或运动，代表人物亚里士多德。这一观点在17世纪得到发展，为光的波动说奠定了基础。

2.1.2　几何光学的发展

几何光学不依赖于光起源的种种假说独立发展起来了。受原子论的影响，德谟克利特对光的认识也带着明显的原子味道。光的直线传播定律、光的反射定律在希腊时代已经为人所知。光的折射定律是由荷兰学者威里布里德·斯涅耳和法国学者勒内·笛卡尔分别独立提出来的。

望远镜（1609）和显微镜（1637）的先后问世激励了开普勒对光学的进一步研究，他概括了前人的光学知识，于1611年发表《折光学》，奠定了近代实验光学的基础。《折光学》阐述了用点光源照明时，照度与受照面到光源距离的平方成反比的照度定律，还对望远镜的理论进行了探讨，近似得出折射定律的经验表示。开普勒设计了几种新型的望远镜，制成了用两块凸透镜构成的开普勒天文望远镜。

费马在做了一些假定后，得出了光的折射定律。1657年，费马提出了光在介质中传播时所走的路程取极值的原理，由此推导出光的折射定律和反射定律。到17世纪中叶，几何光学的基础已经打牢。

2.1.3　干涉、衍射、双折射和偏振现象的发现

17世纪中叶以后，人们陆续发现自然界中存在着与光的直线传播现象不完全符合的事实，如衍射、干涉、双折射、偏振现象。

意大利物理学家格里马尔迪首先观测到光的衍射现象。他在观察小棍子放在光束中所形成的影子时发现：小棍子的影子比按几何光学计算时应有的大小要宽一些。此外，影子的边沿还有几层带颜色的带子。这种光在物体边缘处发生微小的拐折

的现象被称为衍射。

格里马尔迪发现光的干涉现象。实验如下：在遮窗子的百叶窗上开洞，可得两个光锥体，两个锥体会在屏幕放置的地方重合起来，并由此发现在某些地方屏幕的照度会比只有一个光锥体照耀时要小些。由此得出增加光并不总是增加照度的结论。

1669年丹麦学者巴尔托林发现冰岛石晶体中双折射的现象，通过冰岛石晶体观看某一物体，可以看到两个相互位移的影像。

17世纪70年代，关于光的本性的波动说产生。胡克认为光是类似于水波的脉冲，他利用类比的思想，把光看成是机械波。惠更斯认为光是发光体中微小粒子的振动在"以太"中的传播过程，将光波类比于声波，光是像声音一样的纵波。

2.1.4 英国皇家学会成立

英国皇家学会是世界上成立最早和最著名的科学团体之一，是一个自筹经费、官方批准的民间学术团体。英国一群年轻的科学家聚集在伦敦讨论自然问题，自称为哲学学院。1660年，英国这群年轻的科学家在格雷山姆学院商定建立一个正式的学会，以促进数学物理知识发展。1662年，国王查理二世正式批准成立"以促进自然知识为宗旨的皇家学会"，布隆克尔勋爵为第一任会长，威尔金斯和奥尔登伯格为学会秘书，胡克为总干事。皇家学会基本贯彻了培根的学术思想，注重实验、发明和实效性的研究。皇家学会创办了机关刊物《哲学学报》，主要刊登会员提交的论文和摘要、自然现象报道、学术通信和书刊信息。

2.2　光的微粒说形成

牛顿是17世纪光学的集大成者，牛顿最早出名就是因为其光学成就，他的主要成就是提出光的颜色理论，制造了反射式望远镜，发现了牛顿环现象，研究了光的衍射和双折射现象，并在上述光学研究的基础上提出光微粒学说，在时间上主要是从1667—1678年十年的光阴，研究过程是一首光与颜色的交响曲。

2.2.1　牛顿的光学研究

牛顿在光学上成就斐然，他的光学色散实验成功解释了虹的成因。此外，他还设计制作了反射式望远镜，发现了牛顿环现象并成功进行了解释。

1）发现太阳光谱

1664—1667年这三年期间，牛顿以其聪明才智和坚忍的毅力，同时在光学、数学、力学等领域获得突破性进展，特别是在伦敦发生鼠疫时，牛顿在家乡的18个月，是其一生中创造力最旺盛的时期。

（1）色散实验

1666年牛顿对白光进行色散研究。他将房间做成暗室，在窗帘上开了一个小孔，让适量的阳光进入，在光的入口处放上三棱镜，使光照到对面的墙上。如图2-1，$ABCB'$表示一个三棱镜，窗户SHT上开有一个光孔H，光束由此射入暗室，光量可调。光束穿过棱镜$ABCB'$，折射后在墙壁上显示为不同颜色的光带MN，并且成像整体长度为宽度的五倍。换用不同的棱镜、太阳光轮的不同部分入射光线，仍然得出相同的结论。

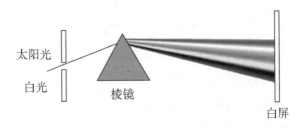

图2-1　牛顿白光的色散实验

　　根据公认的折射定律，光斑预期应该是圆形的。但将色谱的长度与宽度作比较，发现长度比宽度大五倍。如此不成比例，激发了牛顿探索产生这种现象的可能原因的好奇心，牛顿认为其成因第一是外部折射条件不同，第二是入射光自身的差异。

　　（2）色散实验的初步解释——初步的粒子观点

　　在排除了外部折射条件这一因素后，只能是入射光自身的差异这一原因。牛顿怀疑光线穿过棱镜后，也许沿曲线传播，由此造成不同光线的不同曲度，从而在墙壁上形成各色光带。

　　牛顿联想到古典网球运动，网球受到球拍斜向打击后会沿曲线弹出。比拟运动场上的"旋转球"，牛顿提出"如果光线是由球形物体，并且当它们从一种介质斜穿过另一介质时获得了弧形运动，那么它就应该在运动加强的那一侧受到来自四周'以太'的更大的阻力，由是继续向另一侧弯曲"①。

　　但是，牛顿并没有观察到任何光线弯曲，反而发现光带MN的长度与光孔径H之差与彼此距离HM成一定比率，由于这种比例关系，不可能存在光线弯曲的情况。

　　（3）判决性实验

　　牛顿为了弄清这些色光是否可以被分散以及谱带变长的

---

① 申先甲. 物理学史教程［M］. 长沙：湖南教育出版社. 1987：180.

原因，设计了判决性实验。把各挖一个小孔的两块不透明的板放在两个三棱镜之间，光从光源S射入，照在第一个棱镜ABC上，呈现如图2-2所示的光路。转动第一个棱镜ABC，使落在第二块板上的像上下移动，让光线的所有颜色都能相继单独通过该板上的小孔，并射到它后面的棱镜abc上，再观察光线落在屏幕上的位置。牛顿发现：在第一个棱镜ABC上被折射最厉害的蓝光，在第二个棱镜abc上也受到最大折射，红光在这两个棱镜上折射最少。

牛顿由此得出结论：光斑不是圆形的原因在于太阳光是由折射能力不同的光组成的。

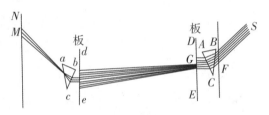

图2-2　牛顿判决性实验

2）制成反射式天文望远镜

由于透镜和三棱镜的相似性，经过透镜的光线也会出现色散现象，不同的色光具有不同的折射度，紫光成像更靠近透镜，而红光成像则稍远。如图2-3所示，L为一凸透镜，SL为平行日光束，通过凸透镜L后，紫色光折射角度最大，聚焦成像于点V；黄色光聚焦成像于点Y，红色光折射角度最小，聚焦成像于R，形成红色光斑。

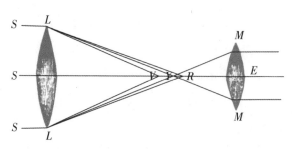

图2-3 凸透镜光的色散与色光合成原理

由此可见，如果将L作为望远镜的物镜，M为目镜，太阳光源经物镜成像，再经目镜放大，进入观察者的眼睛E。然而，如果物镜成像位于点R与V之间，目镜成像会变得模糊。如果调节距离，将目镜入射光源对准黄色点Y（见图2-3），目镜后观察者眼睛E看到的红色成像和紫色成像会不清晰。此时，除了黄色成像，其他色光成像都会变虚，看上去很不清楚。

当时牛顿一方面认为透镜的色差不可能消除，另一方面想到，如果提高折射望远镜的放大倍数，就要把它造得很大，那样操作就会很不方便。于是他另辟蹊径，转向反射望远镜的研究，决心根据光的反射原理制造出新的望远镜。

1668年，牛顿恢复了研究工作，设计出一种磨制金属镜面的精巧方法，"能打磨光学器件到极致"，使反射光量不小于透镜的透光量，进而制作出了一架反射望远镜。1671年牛顿给英国皇家学会送去一台反射式天文望远镜（如图2-4），望远镜的抛物面镜使天体在管中的一点成像，但在这点之前的另一点处放一反射小镜，将物像反射到管外以便于观察者观察，这样就可以看到天体的像。直到现在这台反射式天文望远镜还是英国皇家学会最为珍贵的藏品之一。牛顿制造的望远镜给他带来了荣誉，1672年1月11日，牛顿成为英国皇家学会会员。

图2-4　牛顿为英国皇家学会制造的望远镜

3）颜色理论争论

1672年2月6日，牛顿把他题为《关于光和颜色新理论》的论文寄给英国皇家学会，2月19日全文发表在英国皇家学会《哲学学报》第80期上，这是牛顿正式发表的第一篇论文。牛顿在论文开篇介绍了1666年用三棱镜将白光分解的著名实验，在论文最后设置了判决性实验，并提出了颜色理论。

牛顿通过一系列的命题来阐述颜色理论[①]：

（1）由于光线的折射性在程度上不同，它们呈现出这种或那种特殊颜色的倾向上各有差异。色不是自然物折射或反射出来的光的属性，而是因射线的不同而本来就有的内在性质……

（2）同一折射程度总是属于同色，而同色总是属于同一折射程度。折射性最小的射线都倾向于显示红色；反过来倾向于显示红色的射线，其折射性最小……

……

---

① 威.弗.马吉. 物理学原著选读［M］. 蔡宾牟，译. 北京：商务印书馆，1986：315-325.

（5）所以，色有两类。一类是固有的原色，另一类是它们的混合。固有色有红、黄、绿、紫和蓝，还有橙黄、深蓝以及为数不多的各种各样的中间色。

（6）原色也可以用混合的方法产生……

……

（8）所以，白色是光的常色，因为光是射线从发光体各部分乱七八糟射出的带有各种颜色的混合体……

牛顿用他的颜色理论成功解释了许多现象，其中对虹的解释最成功。虹一般出现在雨后天晴时，这种情况下天空中飘散着无数细小的水珠，像无数的透镜，把太阳光分散为各单色的光，然后按照不同的折射率，以天空为背景，按照顺序排列形成美丽的彩虹。

2.2.2　牛顿的光学争论

牛顿发表的第一篇论文具有很大的创新性，英国皇家学会为此组织了一个委员会审查这篇论文，以确定它的价值。大多数委员都认为这是一项重要发现，但是也有人批评，首先批评牛顿的是胡克、惠更斯，并由此引发了一场争论。

1）与胡克的争论

牛顿在论文中用不同颜色微粒的混合与分开去解释色散现象，并在论文中用颜色理论解释了胡克的实验。粒子说遭到胡克的批评，胡克认为光是一种波。

罗伯特·胡克比牛顿年长7岁，是英国皇家学会98名创始会员之一。他在力学、光学、天文学、生物学等多方面都有重大成就，比如，提出著名的"胡克定律"，第一个提出"细胞"的概念；他所发明和设计的科学仪器在当时是无与伦比的，如真空泵、钟表、显微镜、望远镜。胡克当时是英国皇家学会的干事，在科学界具有很大的影响力。

胡克在1672年2月15日给英国皇家学会秘书奥尔登伯格的信中批评了牛顿第一篇光学论文中的观点。胡克认为牛顿的观察"如此新奇和完美"，认可牛顿的观测事实。胡克认为牛顿的微粒假说"是许多可能而非唯一的假说"。从牛顿的实验，可以证明光是一种脉冲，或者是在均匀、一致和透明的介质中传播的一种运动。所谓的判决性实验没有所谓的说服力。

新锐的牛顿显然很在乎这次与胡克的冲突。经过几个月的周详思考，他写出了一篇反击的长文。他在信中说："胡克先生认为他只是非难我搁置了那些可改进光学理论的见解，也就是折射，但是他清楚了解一个人不应为别人的研究立下范围，尤其是尚不知道别人的研究以何为基础时。假若他私下写信给我要求为此说明，我当会告知我在那方面已有多次的成功实验……"

他反驳了胡克认为他的论文中存在假说："我并没有说绝对的肯定，我以'或许'这两个字来表示，最多只是暗示出它导出这原理的极佳结论，而并非以它为基本原理。"牛顿全面反驳着胡克的每一点批评质疑，在文章中不断提到胡克的名字。后世有人甚至夸张地形容牛顿此文"实际上用胡克的名字串起了一首叠句诗"。

在英国皇家学会，这篇文章被当着胡克的面宣读。英国皇家学会在最后正式要求胡克将牛顿原来的论文重新做一次完整的评估，甚至要求把牛顿论文里表述的实验再做一次。胡克是英国皇家学会的实验主任，做此实验是应尽之责，可在这样一种状态下做这样的实验，其内心的情绪可想而知。

为了证明自己的光学理论，1675年12月，牛顿又向英国皇家学会提交了两篇光学论文：《解释光的性质的假说》和《论观测》，他与胡克的争端再次开启。胡克说牛顿从《显微制图》中获得了灵感，提出的理论却是错误的。

胡克与牛顿之间结下的矛盾是很难化解了。胡克后来绕过英国皇家学会的秘书，直接与牛顿通信。这样就避免了公开争论带来的种种情绪，在绅士风度下运用彼此可以接受的礼貌言辞，虽然从其中的含义去分析，双方的态度仍是厌恶和不信任。

1676 年 1 月，胡克在一封致牛顿的信中说："我以公正的态度评估你那精彩的论文，十分高兴看到文中将我很久以前就提出却没有时间完成的观念改良和推广了。我确认你在这方面所下的功夫比我深得多，也确信无法找到比你更适合、更能干的人才来研究这些题材。你把我尚不成熟的工作在各方面都做到完善、有条有理、极具改革精神。如果我从事的职务允许的话，这都是我想自己完成的事，尽管我很清楚这只需要具有比你稍微低一些的才能就可以完成的。"

在回函里，牛顿说："在哲学方面，我最希望避免的莫过于争辩；而各种争辩中，我最希望避免的莫过于用白纸黑字的方式公开。"有论者认为这话说得有些虚假，但对于牛顿这样珍惜时间的人来说，未尝不是发自深心。在这封信里，牛顿还写有为后人广泛引用的一段话："笛卡尔（的光学研究）迈出了很好的一步。你在一些方面又增添了许多，特别是对薄板颜色进行了哲学考虑。如果我看得更远一点的话，是因为我站在巨人的肩膀上。"后面这句话被认为是牛顿的谦虚，后来还被许多人当成座右铭。

2）与惠更斯的争论

强劲对手胡克的反对声音刚平息，牛顿又得开始应对新的反对者克里斯蒂安·惠更斯，荷兰著名数学家和自然哲学家。惠更斯认为白光可由黄光和蓝光组成。在回应中，牛顿指出，白光并非只含黄、蓝两种色光，而是光谱中所有色光合成的产物。对被迫再次进行辩解，牛顿竭力按捺强烈的愤懑情绪。出于对惠更斯的尊敬，牛顿还是结合新的研究结果，耐心地向他解释了自己的观点。在回信中，惠更斯感受到了牛顿的温和与谦逊。他在给亨利·奥尔登堡的回信中说："艾萨克·牛顿坚持自己的观点，值得关注。"牛顿评论道："克里斯蒂安·惠更斯先生对我的观点表示质疑，重新提出了我先前已充分回答过的问题，对此我确实有些许的不快。"①

2.2.3　牛顿环现象

牛顿环现象是牛顿光学研究中的又一精彩发现。它同光的薄膜实验一起，成为牛顿研究光的干涉现象和提出"突发理论"的根据，在光学史上有着重要意义。

1675年12月9日，牛顿向英国皇家学会提交了一篇题为《关于光和色的研究》的论文，初步探讨了薄膜色彩现象和自然界物体颜色之间的关系。将一个曲度半径为五十英尺的双面凸透镜放置在另一个单面凸透镜的平面上，这样两个透镜间的空气厚度从中心开始到边缘缓慢渐次增大，在光线照射下，透镜间不同厚度的空气层色以透镜中央接触点为圆心，呈现出不

---

① 大卫·布鲁斯特. 艾萨克·牛顿、理性时代与现代科学的肇始［M］. 段毅豪，译. 北京：华文出版社，2021：57-72.

同色彩的同心圆环。如图2-5所示，CED为双凸透镜的凸面，AEB为平凸透镜的平面，两个凸透镜叠放在一起，接触点为E，单色红光自上而下斜射向透镜。在接触点E，透镜之间空气膜厚度非常薄，光线RE全部投射过透镜，没有任何反射，人眼观察E为一个暗点。在点a，透镜之间空气膜厚度稍微增加，红光ra经反射成为aa′，因为围绕接触点E的统一圆周的空气厚度相等，所以经过点a的圆周上形成了一圈红色。随着透镜之间空气膜逐渐变厚，形成一系列红色和暗色相间的圆环，宽度依次变窄。

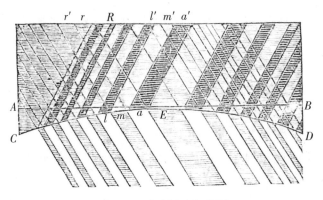

图2-5　牛顿环示意图

分别用橙、黄、绿、蓝、青、紫光重复以上实验，也观察到明暗相间的圆环，红光形成的光环直径最大，紫光形成的最小。用白光重复实验，则观察到七彩色色散现象。

2.2.4　提出微粒说

大约1674年，牛顿在《论空气和"以太"》一文手稿中，提出"以太"是由空气粒子碰撞并逐次破碎之后产生的极其细微的小粒子构成的，它弥漫于空间和万物空隙之中，而成为空气精，或称"以太"。

1675年12月，牛顿向英国皇家学会提交了光学论文《解释光的性质的假说》。牛顿在这篇论文中讨论了光的各种假说之后，提出了自己的假说：

> 我认为光既非"以太"也不是它的振动，而是从发光物体传播出来的某种与此不同的东西。如果人们愿意这样做……可以设想光是一群难以想象的细微而运动迅速的大小不同的粒子，这些粒子从远处发光体那里一个接着一个地发射出来，但是在它们相继两个之间我们却感觉不到有什么时间间隔，它们为一个运动本原所不断推向前进，开始时这种本原把它们加速，直到后来"以太"媒质的阻力和这本原的力量一样大小为止。这很像物体在水中降落，先是加速，直到后来水的阻力等于重力为止。

牛顿认为光是一种物质，一种极其细小的微粒，是由发光体连续不断地以极快的速度向外发射造成的。这种微粒的传播离不开"以太"。

牛顿坚持微粒说成立的理由，是波动说不能很好地解释光的直线传播现象，但微粒说恰恰可以很好地解释这一现象。

当光源发射出的微粒以极快的速度连续向外发射，经过均一、稳定的"以太"时，由于惯性，这些粒子仍然保持匀速前进，保持直线传播，可以很好地解释光的直线传播规律。

牛顿用微粒说解释光照发热现象令人信服。他认为，由于光是由发光体连续不断发射出来的微粒子，光照在某一物体上，实际上是微粒不断地在射击这一物体，这样就会"激动"这一物体的相应部分，使它们发起热来。

颜色现象的解释是因为光的微粒大小不同，因而曲折程度也不相同，其中最小的微粒是紫色的光，它在其直线的路程中容易为折射面所偏转，屈折的程度最大。其余的光的微粒越来越大，则有越来越明亮的颜色，而且越来越难以使之偏转，其折射程度渐次减小，这就是蓝、绿、黄、橙等颜色，最大的微粒和具有最小折射率的光是红色。所以当组合光被棱镜分解时，它们总按照这样的次序散开。

对折射现象的解释，微粒说认为，光密介质中的光速大于光疏介质中的光速，假如光从空气中进入水中，光速会变快。

在解释薄膜颜色和牛顿环现象时，牛顿提出了著名的"猝发"理论。设想：光微粒在媒质界面处所激起的"以太"的振动会在媒质中传播开，而且是快于光速的，因而可以追上光线。这种追得上光线的"以太"振动的作用使得光微粒时而被加速时而被减速，从而使它一会儿容易透射，一会儿容易被反射。

2.3　《光学》出版

胡克死后的第二年——1704年，牛顿整理出版了自己的光学研究成果《光学》，这是一篇关于光的反射、折射、弯曲和颜色的论文。1717年出版第二版，增加了附录，列出31条"疑问"。1931年第四版重印。

在《光学》中，牛顿从8个定义和8个公理开始，按照逻辑顺序阐述关于光和颜色的主要研究成果。全书共分三编，第一编主要是几何光学，阐述光的反射、折射、太阳光的组成与反射望远镜。第二编主要阐述光的干涉现象，牛顿环实验及讨论、薄膜颜色、自然物体的颜色与光的性质。第三编主要阐述光的衍射、晶体内的双折射。牛顿在书的末尾论述了科学研究方法论，还对光学的一些基本问题提出了31个问题，并对这些问题进行了讨论。

附录问题28、问题29探讨了光的微粒说。

问题28．认为光以压力或运动通过流体媒质而传播的一切假设都是错误的吗？这一切假说迄今都是这样解释问题的：光的现象是来自射线发生的新变化，而这却是错误的。

……如果光在压力或运动中以瞬间或时间传播，那它就会弯曲成影，因为压力或运动不能在流体中越过某个组织运动的障碍物做直线传播，而只会弯曲并从各方面分布到障碍物意外的静止媒质中。

问题29．难道光线不是发光物质放射出来的非常之小的物体吗？因为这样一类物体可以直线通过均匀的媒质，而这正是光线不会弯曲成影的本质。

在《光学》中，牛顿还总结了他的科学研究方法。他在书的开头写道："在书中我的意图不是用假说来解释光的性质，而是用讨论和实验来叙述和证实它们。为此我先讲下列定义和定理。"可见，他对自然界普遍适用的原则的叙述是建立在实验的基础之上进行讨论的，而不是单纯地依靠假说来解释光的性质。这些法则的得出，源自通过观察客观现象以认识真理。在《光学》的结束语中，牛顿还叙述了进行科学研究的普遍方法，即分析和综合的方法。牛顿的光学研究是他成功地应用分析和综合方法的典范。

2.4 18世纪成功的光的本性——牛顿微粒说

18世纪牛顿力学得到了全面发展，建成了严密的理论体系，光的微粒说正好包含在这一体系中。因为光粒子遵守力学定律，它们在真空或均匀介质中由于惯性而做匀速直线运动。光的微粒说较好地解释了光的直线传播定律、影的生成及光的反射定律，也可以解释光的折射和双折射现象，这在当时的历史条件下取得了成功。相比之下，早期的波动学说缺乏数学上的严密性和完美性；惠更斯等人未能指出光的周期性，对当时已发现的光的干涉、衍射现象的解释软弱无力；由于把光看作纵波，不能解释光的偏振。这也使得在整个18世纪人们都相信光的微粒说。

（李玉峰　聊城大学）

（于强昌　聊城市东昌府区郑家镇中学）

3

物理学发展史上第一次大综合

——牛顿万有引力定律

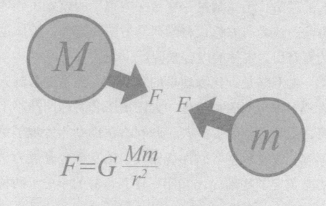

$$F=G\frac{Mm}{r^2}$$

英国著名的物理学家、数学家、百科全书式的"全才"艾萨克·牛顿1687年发表了《自然哲学的科学原理》，提出了基于经典力学框架的万有引力定律，万有引力定律把地面上的物体和太阳系内行星的运动统一在相同的力学理论体系中，完成了人类文明史上自然科学的第一次大综合。

3.1 天文学、力学、数学的发展

万有引力定律是天文学、力学、数学发展到一定阶段的产物，开普勒、伽利略、惠更斯、胡克、笛卡尔等人也为万有引力定律的形成做出了贡献。

天文学家、数学家开普勒在第谷大量精密观测的基础上，运用哥白尼日心说的观点，发现火星和其他行星的轨道是椭圆，太阳在一个焦点上，称为开普勒第一定律；接着发现面积定律，即在相等的时间内行星和太阳的连线所扫过的面积相等，称为开普勒第二定律；后来他又摸索出天体运动的第三定律：行星绕太阳一周的时间（周期）的平方与行星至太阳距离的三次方成正比。开普勒开辟了数学、物理、天文学结合在一起的道路，用"数量—变量—方程"的模式去处理研究对象的方法，成为西方近代科学研究方法的起源，天体运动三定律成为万有引力定律的内容来源。

伽利略是近代物理学的奠基者，他借助自制天文望远镜，发现了木星的四颗卫星、太阳黑子和月球凹凸不平的表面，是哥白尼日心说的拥护者。伽利略在1583年发现了单摆的等时性原理，并在单摆等时性观察经验的基础上开展力学研究，为动力学奠定了基础。1638年，伽利略写的《关于两种新科学的对话》论述了力学研究成就和研究方法。伽利略受到哥白尼的日心说和开普勒证明的地球与其他行星的运动可以用数学方式表达的启示，认为地球各部分的"局部运动"也是按照数学方式运动的。因此，伽利略开展了关于落体按照怎样的数学关系下落的研究。假设速度与降落的时间成比例，数学推论物体降落的空间按照时间的平方增加。由于受到已有仪器测量精度的影响，需要将物体自由降落的速度减少到便利测量的限度以内，于是采用斜面进行实验。经过斜面实验发现，伽利略的测量结果与经过数学推论计算出来的结果相符。伽利略把受控实验与数学分析结合起来，成为近代实验科学的奠基人。

哥白尼的日心说试图从动力学的角度来解释天体的运动。最早设想从动力学的角度解释天体运动的是英国学者吉尔伯特。吉尔伯特发现，地球的力场相当于一个磁体球的力场，引力的中心是具体的物质，不是几何点；引力的大小必然与物质的多少及距离有关。基于这个事实，他假设太阳系的行星是一些巨大的磁体，因而把它们维系在一起的力就具有磁的性质。

法国哲学家、数学家和科学家雷内·笛卡尔于1644年假设宇宙中充满了由稀薄的、看不见的物质组成的漩涡。这些漩涡带动行星在太阳周围做圆周运动。每一个行星都有自己的漩涡，行星的运动与落到水漩涡中的轻物体的运动相似。后来，牛顿用数学证明了笛卡尔的漩涡的性质与观测不符合，如果带有自己漩涡的行星又被带着在太阳的漩涡中运行，这种关系依然成立。但是这种关系与开普勒第三定律并不符合。

吉尔伯特和笛卡尔的假设都利用了类比，并且都没有实验作为支撑；笛卡尔的漩涡理论比较受欢迎，漩涡理论能够解释行星的主要运动——圆周运动。但是这些假设仅仅是定性的描述，没有办法将理论和实验进行比较。

　　克里斯蒂安·惠更斯是牛顿同时代的伟大物理学家，在碰撞问题、摆、光的波动学说、离心力等方面取得丰硕的成果。在1673年的著作中，惠更斯提出了摆的数学理论，导出了单摆的周期公式：$T = 2\pi\sqrt{\dfrac{L}{g}}$，其中$L$为摆长，$g$为重力加速度。精密摆钟的发明为发现重力和质量两个概念的差异提供了一个条件。1673年，在《论离心力》一文中，惠更斯提出了著名的离心力公式：一个做圆周运动的物体具有飞离中心的倾向，它向中心施加的离心力与速度的平方成正比，与运动半径成反比。14年后，牛顿独立推出了这个公式，并以此为桥梁发现了万有引力定律。

　　1661年，英国皇家学会成立了一个专门委员会开始研究重力问题。罗伯特·胡克、克里斯托弗·伦恩、爱德蒙·哈雷在引力问题的研究上做出了重要贡献。

　　胡克画出了解决行星运动问题的第一张草图。胡克已经觉察到引力和重力有同样的本质，1662年和1666年他在山顶和矿井下进行实验，试图测定重力随地心距离的变化关系，但是没有得出结果。1674年，他在一个演讲中提出，引力随吸引力中心的距离而变化，"一旦知道了这一关系，天文学家就容易解决天体运动的规律了"。1680年初，在给牛顿的信中，胡克提出了引力反比于距离的平方的猜测。

　　哈雷和伦恩在1679年按照圆形轨道和开普勒第三定律以及匀速圆周运动的向心力公式，导出了作用于行星的引力与它们到太阳的距离的平方成反比，但是还不能证明行星在椭圆形轨道也是如此。

　　1684年，在胡克、伦恩、哈雷等人的一次聚会中，伦恩提出将提供一笔奖金来推动引力问题的研究。胡克、哈雷、惠更斯、伦恩都独立指出：如果行星轨道为圆形，其所受的引力大小与行星到太阳的距离的二次方成反比。这一推导过程如下：根据惠更斯的证明，$a = \dfrac{v^2}{r}$，又据开普勒第三定律：周期的平方正比于速度的三次方，即 $\dfrac{r^2}{v^2}$ 随 r^3 变化，因而 v^2 随 $\dfrac{1}{r}$ 变化，即力随 $\dfrac{1}{r^2}$ 而变化。但这一结论却难以解释行星的椭圆形轨道问题。

　　哈雷于1684年8月专程从伦敦到剑桥大学向牛顿请教关于在与距离平方成反比的力的作用下的行星做什么运动这个问题，牛顿肯定地说行星的运动轨道是椭圆。牛顿说他早已完成这一证明，但是当时没有找到这一手稿。当年11月，牛顿写出了《运动论》手稿，就行星运动轨道与按距离平方成反比的作用力的关系做了严谨的数学证明。在哈雷的热情劝告与资助下，牛顿于1687年出版了《自然哲学的数学原理》（后文简称《原理》），公布了他力学研究的全部成果。

3.2　万有引力定律的发现

　　1661年6月牛顿进入剑桥三一学院，跟随卢卡斯数学教授巴罗学习。在他的指导下，牛顿系统地阅读了开普勒的《光学》、笛卡尔的《几何学》和《哲学原理》、伽利略的《关于两大世界体系的对话》以及胡克的《显微图谱》等书籍，基本上掌握了当时最前沿的数学和光学知识。

1665年牛顿大学毕业，正值伦敦闹瘟疫，学校停课放假。1665年6月，牛顿返回老家伍尔斯普庄园，在老家度过了18个月的时光，这是牛顿创造发明最为旺盛的时期。1665年初，牛顿发明了二项式定理；1665年11月，发明微分运算；1666年1月，研究颜色理论；1666年5月，研究积分运算。除此之外，牛顿还开始思考动力学和引力问题，从开普勒第三定律出发推算出，行星维持椭圆轨道运行所需的力与它们到旋转中心的距离的平方成反比关系。

图3-1　引发牛顿思考万有引力的苹果树

据伏尔泰说，牛顿在他的苹果园中看到苹果坠地时找到了解决行星运动轨道原因的线索。苹果坠地现象引起牛顿猜想物体坠落的原因，思考地球的引力能到多远；既然在最深的矿井中和最高的山上都能感受到这种吸引力，猜想它是否可以达到月球，成为物体不沿直线运动，不断向地球坠落的原因。牛顿已经形成了力的大小随距离的平方的增加而减少的想法。牛顿的手稿中有这样的叙述：

　　　在这一年，我开始想到把重力引申到月球的轨道上，并且在弄清怎样估计圆形物在球体中旋转时压于球面的力量之后，我就从开普勒第三定律，推得行星在轨道上运行的力量必定与它们到旋转中心距离的平方成反比例。①

此时的引力理论遇到两大困难：一是月球与地球的距离相对于地球的大小来说没有那么大，把月球和地球看成质点有问题；二是在计算地球和苹果的引力的时候，苹果的大小或者苹果相对地球的距离与地球的大小相比是很小的。在计算地球各部分对于它的表面附近的一个小物体的引力总和时存在很大的困难。因此，牛顿在1666年暂时搁置引力的研究工作。

1667年，牛顿回到剑桥，至1678年主要从事光学研究；1678年，因在光学问题上与胡克的争论，牛顿深受刺激，性格内向的他不再发表文章，开始与学术界隔绝，暂时搁置光学研究，转而思考天文学问题。1679年，胡克主动与牛顿通信讨论引力问题，促使牛顿重新开始考虑早年研究的引力问题。1684年前后，引力问题成为研究者思考的热点问题。胡克等学者发现了天体在与距离平方成反比的力的作用下轨道的运行规律，却不能给出数学证明。1684年11月，牛顿就行星运动轨道与按距离平方成反比的作用力的关系做了严谨的数学证明。至1688年牛顿主要从事万有引力的研究；1688—1700年，牛顿进一步在天文学上发展，并完善数学发明，特别是微积分。

牛顿发现万有引力定律经历了漫长的过程，从他的青年时代直到《原理》的出版，用了整整二十年。从《原理》来看牛顿对万有引力定律的发现，可分为六步：

（1）向心力作用下物体的运动；在更广的意义上证明开普勒的面积定律。牛顿证明，围绕一个中心运动的物体，由这

---

① 威廉·塞西耳·丹皮尔. 科学史及其与哲学和宗教的关系［M］. 李珩，译. 桂林：广西师范大学出版社，1975：146.

个中心向物体所引的半径在相等的时间画出相等的面积是存在指向这个中心的向心力的充要条件（《原理》卷Ⅰ命题Ⅰ和命题Ⅱ）。

（2）物体在圆周上运动；向心力指向圆心；向心力大小的确定（《原理》卷Ⅰ命题Ⅳ）。由此结合开普勒第三定律可以推出，在圆轨道上围绕太阳运行的行星指向太阳中心的向心力与行星离太阳的距离的平方成反比。牛顿在1665年就发现，做圆周运动的物体的向心力F与物体运动的速度V的平方成正比，与圆的半径A成反比，即$F \propto (\dfrac{V^2}{A})$。由开普勒第三定律，如果行星在圆形轨道上运行，则$T^2 \propto A^3$。$V = \dfrac{2\pi A}{T}$，所以，$F \propto (\dfrac{4\pi^2 A^2}{T^2 A}) \propto (\dfrac{A}{A^3}) = (\dfrac{1}{A^2})$。做到这一步并不太难，与牛顿同时代的伦恩、胡克和哈雷都做到了这一点。但是，由开普勒的定律，行星在椭圆轨道上运行，如何确定在椭圆轨道上运动的物体的向心力才是一个真正的挑战。

（3）物体在椭圆上运动；向心力指向椭圆的一个焦点；向心力大小的确定。牛顿的结果是向心力与物体离那个焦点的距离的平方成反比（《原理》卷Ⅰ命题ⅩⅠ）。在命题ⅩⅠ的计算中，牛顿巧妙地应用了椭圆的性质及极限过程。

（4）如果任意两个质点之间的吸引力与它们之间的距离的平方成反比；由同一种质点构成的球的吸引力。牛顿首先确定薄球壳对一个质点的引力，然后得到实心球对球外一个质点的吸引力。他的结论是球可以被视为在球心集中了整个球的质量的一个质点（《原理》卷Ⅰ命题LXXI）。这是牛顿在推广自己的引力理论时遇到的最大挑战。在1686年6月20日写给哈雷的信中，牛顿说去年他仍怀疑"一个实心球体所产生的引力恰好等于球心处一个质点所产生的引力，在这个质点上集中了球的全部质量"这个结论不正确。但就在同一年（1685年），牛顿证明了这个结论是对的。

（5）月球实验，证明使月球围绕地球运行的向心力就是地球的重力（《原理》卷Ⅲ命题Ⅳ及其注释）。

（6）通过控制太阳系的行星运动及彗星运动的力，证明引力的普遍性。为此，牛顿综合运用了理论结果和天文观测。例如，为了证明行星在指向太阳的向心力作用下运动，牛顿不仅应用卷Ⅰ命题ⅩⅠ，还利用卷Ⅰ命题ⅩLⅤ（确定轨道的拱点的运动）这一更强的结论。通过观测确定彗星的轨道，给人的印象更为深刻。牛顿不无自豪地说："彗星的运动由我们阐述的理论表示，在精确性上并不比通常由行星的理论表示行星的运动差。"

牛顿用他所总结（主要是伽利略的成果）和发展的动力学理论，证明了开普勒从天文观测总结出来的行星运动定律，这是理论上的一个飞跃。其中开普勒第一定律的证明由《原理》卷Ⅰ命题ⅩⅤⅡ给出，第二定律的证明由《原理》卷Ⅰ命题Ⅰ给出，第三定律的证明由《原理》卷Ⅰ命题ⅩⅤ给出。

3.3　牛顿论证万有引力定律

1665—1666年间，由于瘟疫流行，学校停课，牛顿回到家乡。在这期间，他可能从布里阿德的著作中了解到引力平方反比关系的思想。苹果落地的故事说明牛顿正在思考引力的问题，有可能产生了"地—月验证"的思想，但是未获成功。

1666—1684年，牛顿的研究没有获得实质的进展。第一，他曾想根据引力平方反比关系将月球轨道运动的向心加速度和地面上物体的重力加速度作比较，但是当时所知的地球半径和月球之间的距离的数值不精确，计算误差较大；第二，牛顿还未能精确证明在计算中可以把月球、地球看作质量集中在中心的质点。这两个困难直到1685年运用微积分方法解决了球体的吸引问题并获得上述距离的准确数据后才解决。

1684年8月至10月，牛顿写了《论天体运动》，明确表述了向心力定律，证明了椭圆轨道运动的引力平方反比定律。此后不久，牛顿又写了《论物体在均匀介质中的运动》一文，定义了质量概念，并探讨了引力与质量的关系，这才把他引向完善的万有引力定律的发现。

3.3.1 牛顿的猜测

牛顿是从直觉和猜测开始他关于引力的思考的。在《原理》第一部分关于向心力的定义的说明中，牛顿描述了从高山顶上平抛一个铅球的理想实验。他设想，当发射的速度足够大时，铅球可能绕地球运动不再落回地面。接着他指出，月球也可以看作是由于重力或其他力作用使其偏离直线形成围绕地球的运转。牛顿通过靠

图3-2　牛顿的抛体运动图

近地面的小月球的运动的思想实验，论证了"使月球保持在它轨道上的力就是我们通常所说的'重力'"。

接着，牛顿根据向心力公式和开普勒第三定律推导了引力平方反比关系。牛顿证明，由面积速度定律可以得出物体受中心力的作用，由轨道定律可以得出这个中心力是吸引力，由周期定律可以得出这个吸引力与半径的平方成反比。他还反过来证明了在这种力的作用下，物体的轨道是圆锥曲线——椭圆、抛物线或双曲线，这就推广了开普勒的结论。

3.3.2　月地检验

牛顿通过同磁力的类比，得出"这些指向物体的力与这些物体的性质和量有关"，从而把质量引进万有引力定律。在《原理》第二部分的第三篇中，牛顿叙述了著名的"月地检验"，为引力平方反比关系的正确性提供了一个有力的证明。

如果自然界所有物体之间都存在着引力作用，并且它们都遵循普遍的规律 $F=G\dfrac{m_1 m_2}{r^2}$，那么月亮绕地球旋转时的降落就和石头坠落有着同样的原因。由动力学第二定律得：

$a=\dfrac{F}{m}$，其中 $F=G\dfrac{Mm}{r^2}$。

对于石头：$a=g=G\dfrac{M}{r_{\text{地}}^2}$；$a\approx 9.81\ \text{m/s}^2$。

对于月亮：$a_{\text{月}}=\dfrac{F_{\text{地}}}{m_{\text{月}}}=G\dfrac{M}{r^2}$。其中 M 为地球质量，r 为月亮到地球的距离，$r_{\text{地}}$ 为地球的半径。显然：$\dfrac{a_{\text{月}}}{g}=\dfrac{r_{\text{地}}^2}{r^2}$。因为 $r\approx 60 r_{\text{地}}$，所以 $a_{\text{月}}\approx\dfrac{1}{3600}g=2.72\times10^{-3}\ \text{m/s}^2$。

这个理论计算可以通过天文观测加以验证。在匀速旋转时，$v=\dfrac{2\pi r}{T}$，在知道了月亮的旋转周期 T 和月亮与地球的距离 r

后，就可以计算出月亮在其轨道上的线速度。向心加速度公式可以根据公式 $a_月 = \dfrac{v^2}{r}$ 来计算。通过天文观测得到 v 和 r 后，就可以根据公式检验理论了。

月球的运转周期为 $T = 27\dfrac{1}{3}$ 天，根据向心加速度公式 $g' = \omega^2 r = \left(\dfrac{2\pi}{T}\right)^2 r = 2.72 \times 10^{-3} \text{ m/s}^2$，$a_月 \approx g'$。说明月球所受引力与地面上的物体所受的引力遵循相同的规律。

3.3.3 万有引力定律

牛顿还把他在月球方面得到的结果推广到行星的运动上去，并进一步得出所有物体之间的引力遵循的规律都相同。牛顿断言：宇宙中的每一个物体都是以引力吸引别的物体，这种吸引力存在于万物之中，称为万有引力。这个引力与相互吸引的物体的质量乘积成正比，与它们之间的距离平方成反比。

3.4 万有引力定律的检验

万有引力定律提出的初期，尚无令人信服的实验和观测资料证明。

3.4.1 预言并证实哈雷彗星轨道

哈雷根据万有引力定律预言彗星出现日期并得到证实。彗星长久以来被看作是一种神秘现象，牛顿断言行星的运动规律同样适用于彗星。哈雷根据牛顿的引力理论，对1682年出现的大彗星的轨道进行了计算，指出它就是1531、1607年出现的同一颗彗星，并预言它将在1758年再次出现。1743年，克雷洛计算了遥远的行星（木星和土星）对这颗彗星的摄动作用，指出它将推迟于1759年4月份经过近日点，这个预言后来得到了证实。

3.4.2　万有引力常数的测量直接证明万有引力定律

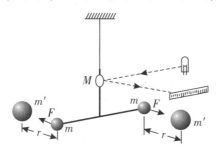

图3-3　卡文迪什测定万有引力常数实验示意图

万有引力常数的测定，以地面上的实验对万有引力定律提供了直接证明。1798年，英国物理学家卡文迪什把两个小铅球系在一根直杆的两端，用一根细线从中间吊起，然后用两只大铅球靠近小铅球，通过细线的扭曲测量了大球与小球之间的引力作用，从而得出了引力恒量之值，并计算了地球的质量和密度。

3.4.3　预言并发现海王星

18世纪末到19世纪初，人们对天王星的运动的观测和理论结果之间存在着明显的偏差。英国青年大学生亚当斯在1843—1845年，法国天文学家勒维烈在1845年，各自独立根据牛顿理论进行了计算，预言了在天王星轨道之外的一个未知行星的质量、轨道和位置。勒维烈将他的计算结果写信告诉了柏林天文台的伽勒，伽勒于1846年9月23日夜间在预定的地点发现了一颗新的行星，这就是对天王星的运行产生规则摄动作用的海王星，这一发现是万有引力理论的重要胜利。

3.5 站在巨人的肩上——牛顿

牛顿的万有引力定律把地面上的力学和天上的力学统一起来，完成了先辈们开始的革命，实现了物理学史上第一次大综合。牛顿在给胡克的信中写道："如果我看得更远，那是因为站在巨人的肩上。"这里的巨人是指中世纪以来从事科学研究的前人，如图3-4是牛顿的引力研究与前人的关系。在继承前人成果的基础上，牛顿取得如此成就也离不开废寝忘食的思考。

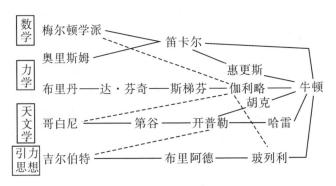

图3-4 牛顿的引力研究与前人的关系

（李才强 潍坊滨海中学）

4 热的本性探讨

——热质说

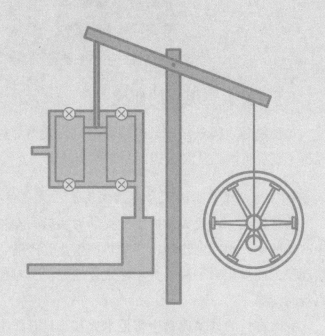

　　热质说是阐述热现象本质的一种假说，是热学发展过程中一个影响深远的错误理论。苏格兰物理学家詹姆士·布莱克是第一个提出热质说的人。热质说的主要观点是：热是一种特殊的物质，无色、无味、无形状、无质量，可以进出各种物质。热质说从18世纪到19世纪初居于统治地位，成功地解释了各种热现象，却不能解释热与其他形式能量转化现象，在能量转化和守恒定律确定后，被热动说取代。

图4-1　詹姆士·布莱克

4.1　关于热现象的研究

　　热现象是人类最早接触的现象之一，人类对热现象的研究经历了直观猜测、从经验走向科学两个阶段。

4.1.1　古代关于热现象本质的看法：直观猜测

　　热是什么？古代人掌握了取火的方法后，在长期的生活和生产实践中，观察到物体由于受热产生热胀冷缩、物态变化等热现象，逐步积累了许多关于热现象的知识，对热现象进行过直观的猜测。

　　我国古代的许多典籍中常把水火和月日看作冷热的象征。

商周时代，《易经》从复杂的自然现象中抽象出阴、阳两个基本范畴作为万物之本，从许多自然事物中选取天、地、风、雷、水、火、山、泽八种物质作为物质元素，叫做八卦。提出阴阳相感而生八卦，八卦生万物。最早记述水、火、木、金、土五行的《尚书·洪范》把冷热看成是属于万物的基本性质。

在西方，古希腊的学者也对热的本质进行过直观猜测。公元前六世纪，赫拉克利特认为火是万物之源，火变气，气变水；火多而明亮之气为热，水增而黯淡之气为冷；冷热变换，运动不息。公元前五至四世纪，德谟克利特从原子论出发，把热看成是一种特殊的物质原子，认为"粗重"的"火原子"造成热的感觉。热质说就是沿袭这一思想。

4.1.2 近代对热现象的研究：从经验走向科学

近代蒸汽机的发明和不断改进，促使人们对各种物质的热性质和热运动的规律做深入的研究。十八世纪初开始建立系统的计温学、量热学，在此基础上对热现象的研究从经验向科学转化，走上实验科学的道路。

1）蒸汽机的发展

法国工程师巴本在使蒸汽动力技术实用化方面迈出了一大步。巴本在蒸煮器的基础上制成了第一台带活塞的蒸汽机，于1690年发表以"一种获取廉价大动力的新方法"为题的设计方案。这是一台单缸活塞式蒸汽机，汽缸底部放有少量水，将汽缸加热时所产生的蒸汽推动活塞至顶端，再将热源撤除，里面的蒸汽必定冷凝形成真空，于是汽缸在大气压力作用下下落。这个下落过程可以提供动力。

英国工程师萨弗里发明了蒸汽泵，它由汽缸和三根导管组成，一根导管通往蒸汽锅炉，另两根分别是进水管和出水管。蒸汽进入汽缸后在外面注凉水冷却，在汽缸内形成真空将水吸入，第二次通入蒸汽再将汽缸中的水压出。蒸汽泵是第一台投入使用的蒸汽机，使用过的矿场都称它为"矿工之友"。它的缺点是不能将水提得很高，热效率太低。

蒸汽机的下一步改进由英国工程师纽科门完成。1705年纽科门造出了一台蒸汽机，这台机器结合了巴本蒸汽机和萨弗里蒸汽泵的优点，有一个带活塞的汽缸，但蒸汽由另外的锅炉输入。为了提高冷凝速度，纽科门在汽缸里装了一个冷水喷射器，大大提高了热效率。与萨弗里的蒸汽泵不同，纽科门的机器依靠大气压力工作，不存在高压蒸汽的危险性。纽科门的蒸汽机投入使用，效果非常好。到了1712年，英国的煤场和矿场基本都用上了这种新式蒸汽机。

然而纽科门蒸汽机的热效率仍然不高，只能用于矿山抽水，不能满足工业生产对于动力机的需求。于是瓦特蒸汽机应运而生。1736年，瓦特出生于苏格兰西部格里诺克的一个工人家庭，1756年瓦特在格拉斯哥大学谋得一个机修工的职位。1763年，瓦特奉命修理格拉斯哥大学的一台纽科门蒸汽机，得以仔细研究纽科门机的结构。他发现纽科门机的热量浪费非常大。1765年，瓦特想出了在汽缸之后再加一个冷凝器的主意。瓦特于1769年造出了第一台样机，在汽缸外加冷凝器后，蒸汽机的效率成倍地提高。但瓦特并不满足于此。他继续改进自己的蒸汽机。1781年，他改变了蒸汽机只能直线做功的状态，用一个齿轮装置将活塞的直线往复式运动转化为轮轴的旋转运动。1782年，他进一步设计出了双向汽缸，使蒸汽轮流从活塞的两端进入，使热效率又增加了一倍。经过进一步改进的瓦特蒸汽机成了效率显著、可用于一切动力机械的万能"原动机"。蒸汽机改变整个世界的时代正式到来了。

2）计温学的发展

早在17世纪伽利略就利用空气热胀冷缩的性质造出了第一个温度计，但没有固定的刻度。1665年，惠更斯提出以化冰或沸水的温度作为计温的参考点。

1702年，法国物理学家阿蒙顿改进了伽利略的温度计。测温物质仍为空气，但整个装置封闭，不受外界大气压影响，选定水的沸点作为一个固定点。这个温度计比伽利略温度计准确一些。

华伦海以制造气象仪器为业，他通过实验发现，每一种液体都有自己的沸点，沸点随大气压强的变化而变化。1714年，华伦海特用水银替代酒精作为测温物质，制作温度计。他选取盐水的最低冰点作为0度，这样做的目的是不出现负温度；以人体的温度作为另一个固定点，两个固定点之间分成96份，这样人体温度是96度。后来做了调整，令水的沸点为212度，纯水的冰点为32度，这套温标系统就是华氏温标。采用水银作为测温物质，大大扩大了测温范围；此外水银的热胀冷缩变化率比较稳定，可以进行精密测温。1724年，华伦海特公布了他的温度计，这种温度计很快被英国和荷兰使用，至今许多英语国家仍在使用。

1742年，瑞典天文学家摄尔修斯提出一个新的测温系统，以水银为测温物质，将水的沸点定为0度，冰的熔点定为100度。1750年，摄尔修斯在同事的建议下将标度颠倒，形成今天广泛采用的摄氏温标。

3）量热学的发展

在蒸汽机的设计中，要涉及汽化、液化以及蒸汽的压力。在冶金、化学工业中也涉及燃烧、汽化、熔解、凝固以及吸热和放热等反应，使人们注意到这些反应中热的影响，从而促进量热学的发展。

17世纪，意大利的科学家通过实验发现不同物质的放热能力不同：在同一温度下具有相同质量的不同液体分别与冰混合时，冰被融化的数量不同。

彼得堡科学院院士里赫曼是量热学的奠基人。里赫曼认为热是按照质量和温度的乘积作为物体中热量的量度，但当时没有区分温度和热量。1744年，里赫曼提出以他的名字命名的量热方程：

$$t = \frac{m_1 t_1 + m_2 t_2 + m_3 t_3 + \cdots}{m_1 + m_2 + m_3 + \cdots}$$

式中m_1、m_2、m_3…为均匀液体的质量。t_1、t_2、t_3…为这些物体的初始温度，t为混合温度。检验这个公式时，需考虑容器的质量和温度、周围空气的温度、实验进行的时间和其他情况。

1757年前后，英国化学家布莱克重新研究了里赫曼等人的工作，主张将热和温度两个概念分别称为"热的分量""热的强度"；用32°F的一块冰和172°F的同等重量的水混合验证里赫曼公式，发现平均温度不是102°F，而是32°F，布莱克由此得出结论：在冰的熔解中，需要一些为温度计所不能察觉的热量。布莱克把这些不表现为温度升高的热叫做"潜热"。1760年前后，布莱克做了如下实验：把温度为150℃的金与同质量的50℃的水相混合，他们的平衡温度为55℃，金的温度下降了

95℃，而水的温度只升高了5℃。这个实验表明物质的吸热和放热能力与它们的密度不成比例变化。布莱克通过实验比较了各种物质与同质量但不同温度的水混合达到热平衡后的温度变化，从而推算出这些物质每升高或降低一度时它们吸收或放出的热量是不相等的。他把物质在改变相同温度时的热量变化叫做这些物质的"接受热的能力"，后来他的学生伊尔文引进了热容量的概念。

拉瓦锡和拉普拉斯等人发展了热容量的概念。他们把一磅水温度每升高或降低1度所需要的热作为热量的单位，称为卡。1780年麦根伦首先使用比热一词，将比热定义为物质在已给定的温度下单位质量中所含的全部热量。拉瓦锡和拉普拉斯于1777年提出了那时最精确的量热方法，并制造了一个量度热量的经典仪器——冰量热器，用这个量热器测定了各种物体的热容量。大约在1783年他们测定了一些物质的比热，给出了求比热的一般公式。他们还发现，物质的比热在不同的温度下略有差别。

18世纪80年代，量热学的一些基本概念，如温度、热量、热容量、比热都已经形成。

4.2 热质说的形成

17世纪，伴随着对热现象的研究，一些自然哲学家开始了对热的本性的探讨。近代原子论复兴者伽桑狄提出冷原子、热原子的思辨概念。18世纪，随着化学的发展，英国学者布莱克推动热质说发展，法国学者拉瓦锡明确热质说。

4.2.1　伽桑狄提出"冷原子""热原子"

伽桑狄，法国科学家、数学家和哲学家。他认为运动着的原子是构成万物最原始、最简单、不可再分的世界要素。由于各种原子的大小、形状、质量不同，由它们所构成的各种物体也就具备了种种不同的性质。热和冷由"冷原子""热原子"组成，物体发热是因为"热原子"在起作用。伽桑狄的原子论停留在思辨的水平。

玻意耳是一位实验科学家，同时从事化学和物理学两个方面的研究。玻意耳在研究与热密切联系的燃烧现象时，又摆向了伽桑狄的"热原子"说，设想有某种既有重量而又表现着火和热的特性的、能贯穿物体的、十分微小的"火粒子"存在。借助这种"火粒子"，不仅可以说明金属煅烧增重的事实，还能解释真空传热的现象。在这种"火粒子"说的影响下，"热质说"在欧洲大陆逐渐流行起来。

4.2.2　18世纪化学的发展

18世纪基础理论发生重大变化的是化学领域，拉瓦锡完成了化学革命，起因是对燃烧和气体的研究。

1）施塔尔的燃素说

燃烧一直是化学研究的核心问题，人们注意到木柴燃烧后的灰烬总比原来的木材轻了很多，人们猜测在燃烧过程中有某种易燃的东西逃离了，这种易燃的东西就是燃素。

燃素最早由德国化学家贝歇尔提出，经由施塔尔的解释流行起来。1703年，施塔尔在原子论的基础上建立了燃素概念。他把贝歇尔的油状土叫燃素。他主张易燃物易燃是因为其中含有较多燃素，灰烬不能燃烧是因为其中不含燃素。在燃烧过程中，燃烧物质中的燃素被空气吸收。燃素说巧妙地解释了与燃烧有关的大部分现象，其主要局限是难以回答燃素是否有质量，有机物燃烧后质量减小，金属生锈后质量增大。

2）拉瓦锡的化学革命

直到18世纪中叶，人们还认为空气是单一的物质；1754年，布莱克发现了二氧化碳，打破了这一观念；接着亨利·卡文迪什发现了氢，随后席勒和普利斯特列发现了氧。

在这些基础上，拉瓦锡打破了燃素说，建立了今天的氧化—燃烧理论，他认为燃烧不过是剧烈的氧化反应而已，燃素理论被完全抛弃。

4.2.3　布莱克推动热质说发展

布莱克在量热学上做出了卓越贡献，并且定量测量了许多物质的比热和潜热。

水的汽化实验表明，使水完全汽化所需的时间与把445倍的水温度升高1℃所需的时间相等。为了解释上述实验现象，布莱克提出一个想法：有一种引起物体状态改变的特殊物质进入了受热物体，这种物体被称为热质。

1756年布莱克采用这种观点解释了冰的熔解和水的沸腾现象，冰+热质=水；水+热质=水蒸气，进入物体的热质没有被温度计显示出来，提出了水潜热、冰潜热的概念。

热质观点引出了热容量的概念。把一加仑开水和一加仑冰冷的水混合起来，混合物的温度刚好是原来开水温度的一半。布莱克的解释是：混合后热水中多余的热质正好在两部分水之间平分了。他把热的单位定义为一磅水温度升高1°F时所需要的热量。布莱克进一步推断，相同质量的不同物质被加热到相同的温度时，所含有热质的量是不同的，因为把相同质量的热水和冷水银混合起来，得到的温度更接近于水而不是水银的温度。因此布莱克认为一定量的水冷却一度时所放出的热量要比相同质量的水银加热一度所需要的热量多些，因此导出了不同物质的热容量的概念，表示把物质的温度每升高一度所需要的热量。

4.2.4 拉瓦锡明确热质说

掀起化学革命的拉瓦锡推翻了燃素说，却接受了热素的概念。在1789年所著的《化学纲要》中，他明确地把热物质作为一种元素引入，并给它起名为热质。他说：一切物体都是由相互以引力作用的分子构成的；加热使固态变为液态，液态变为气态。根据这两种现象我们必定能够断定，存在着一种极易流动的物质实体充满分子之间的空间，这种实体具有扩大分子之间的距离的作用，这种物质的实体就是热质。根据其状态分为两类，即"自由"的热质和"束缚"的热质。束缚热质被物体中的分子所束缚，形成其实质的一部分。自由的热质没有处于任何结合状态，它能够从一个物体转移到另一个物体，成为各种热现象的载体。拉瓦锡把一定质量的物体加热到一定温度所必需的热质叫做比热。比热依赖于物质分子间的距离以及分子间结合的强度，而且，物体分子之间的空间大小决定该物体的热容量。

4.3 18世纪热质说的成功

18世纪人们把热现象与其他物理现象孤立起来加以研究，尚未注意到它们之间相互联系和转化的关系，热质说简易地解释了大部分热现象，促进热学理论的发展，帮助瓦特改进了蒸汽机。

4.3.1　热质说成功解释了各种热现象

热质说能够简易地解释当时发现的热传递、摩擦生热、热胀冷缩现象。热传递有三种方式：传导是热质在物体之间的流动，对流是载有热质的流体之间的流动，辐射是热质的直接传播。摩擦或碰撞生热现象是由于"潜热"被挤压出来以及物质的比热变小的结果。热胀冷缩是热质微粒之间的排斥作用。

4.3.2　热质说促进热学理论和实践的发展

许多科学家在热质说观点的指导下研究传热学规律，卡诺定理揭示了热传导的一系列规律，促进了热学理论的发展。

1）傅立叶热传导公式

傅立叶从1807年前后开始热传导的研究，于1822年将研究成果写成《热的解析理论》一书公开发表。在这本书中，他引导人们去研究各种气象现象中热的传播。他在阐述自己研究的意义时说，解析方程式是表示热现象中不变关系的最有力最明晰的工具，其用途并不仅仅限于图形及力学的研究。傅立叶认为热是遍布整个宇宙的元素，他强调指出，本书的研究独立于对热的本性的假设，他列举了表征物体热性质的三个特征常数，即热容量、传热系数、表面热损失。以这些为前提，傅立叶展开了研究工作，其第一个成果是导出了热传导方程式：

$$\frac{\partial u}{\partial t} = \frac{k}{cp}\left(\frac{\partial^2 u}{\partial x^2} + \frac{\partial^2 u}{\partial y^2} + \frac{\partial^2 u}{\partial z^2}\right)$$

u是各点、各时刻的温度，k是传热系数（傅立叶称之为内部热传导），c是比热，p是密度。然而，傅立叶所取得的更大的研究成果是，他把这个方程式通过级数展开来求解，由此而引入傅立叶级数。从那以后，傅立叶级数成为物理学各个领域必不可少的武器。

2）卡诺定理

萨迪·卡诺立足于热质说讨论发动机的效率，把发动机对外做功和做完功退回原状的过程结合起来，作为一个循环来进行考察。

在《关于火的动力之考察》中卡诺展开了议论。在这里，作为基础的是热质守恒和永动机不可能这两条原理。起初，卡诺指出，热从高温物体向低温物体移动时，必然能够产生动力，因此不伴随动力产生的热移动，即它是在温度不同的物体接触时发生，是一种损失。这里已经明确了获得最高效率所不可缺少的条件。接着他设想出满足这种条件的理想热机，考察了进入到活塞气缸中的气体所产生的恒温膨胀、绝热膨胀、恒温压缩、绝热压缩这四个过程组成的循环（卡诺循环），如图4-2所示。对于完全可逆地重复这些过程的循环和由这些循环结合起来的系统来说，也适用永动机不可能原理。他确立了下述基本定理：对理想热机而言，不管热质是什么，同量热质的移动产生同量的动力（功），其动力的量仅由高温物体和低温物体的温度来决定。

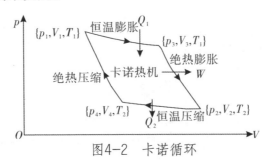

图4-2 卡诺循环

卡诺的《关于火的动力之考察》不仅为热机的设计指出了方向，而且可以说是热力学这门新学科的萌芽，它包含着物理学方面的极重要的内容。

4.3.3　瓦特改进了蒸汽机

起步最早而又成就卓著的伟大发明家瓦特改进了蒸汽机，而布莱克的热质说对其起到了重要的理论指导作用。

瓦特与格拉斯哥大学的一些教师和学生的关系颇为密切，苏格兰的著名化学家布莱克就是其好友之一。在与布莱克的交往中，瓦特向布莱克学到了"潜热"和"比热"这些最初的热学理论知识，同时也知道了温度、热量与压力之间的相互关系。

瓦特运用布莱克的热学理论，分析了纽科门蒸汽机的热效率低的原因。通过对纽科门蒸汽机的做功过程进行测量和分析，他发现：当蒸汽进入汽缸后，温度即上升到100℃，可是为了得到真空，必须马上在汽缸内将蒸汽用冷水喷注冷凝。当

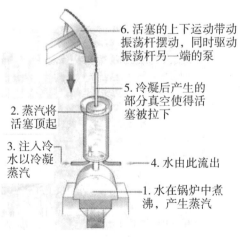

6. 活塞的上下运动带动振荡杆摆动，同时驱动振荡杆另一端的泵

5. 冷凝后产生的部分真空使得活塞被拉下

2. 蒸汽将活塞顶起

3. 注入冷水以冷凝蒸汽

4. 水由此流出

1. 水在锅炉中煮沸，产生蒸汽

图4-3　纽科门蒸汽机工作原理图

冷水喷注入汽缸后，汽缸内的温度即下降到20℃。这样一升一降，活塞才能完成一个冲程的往返动作。而在这样一个冲程中，热量被两次浪费：当蒸汽进入汽缸时，它必须花费足够的热量使汽缸本身的温度由20℃上升到100℃；而当冷水进入汽缸时，冷凝水中又带走了大量的热量。这样一热一冷浪费极大。而这正是纽科门蒸汽机热效率低的主要原因。

1765年春天，在一次散步时，瓦特突然想到纽科门蒸汽机的热效率低是由于蒸汽在汽缸内冷凝造成的，反过来为什么不能让做功后的蒸汽在汽缸外冷凝呢？这样，瓦特便产生了采用分离冷凝器的最初设想。在纽科门蒸汽机上加上一台分离的外置冷凝器。此外，他还利用蒸汽推动活塞向上，随后又利用另一侧的低压蒸汽将其再次压下。这种双向运动大大提高了蒸汽机的效率。

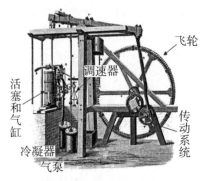

图4-4 瓦特蒸汽机工作原理图

4.4 热质说被推翻

随着物理学的发展，人们逐渐发现了许多与热质说相矛盾的事实。这时热质说就失掉了它的积极作用，变成阻碍物理学发展的障碍。热质说走向衰落是从发现了热质说无法解释的一些实验现象开始的。

4.4.1 摩擦生热实验否定热质说

1798年，英国物理学家伦福德在《关于用摩擦产生的热的来源的调研》一文中介绍了机械功生热的实验。他曾在慕尼黑军工厂用数匹马带动一个钝钻头钻炮膛，并把炮膛浸在60°F的水中。他发现，经过一小时后，水温升高了47°F，两个半小时后水就开始沸腾。伦福德看到的现象是：只要机械做功不停止，热就可以不停地产生。因此他得出结论：热是物质的一种运动形式，是粒子振动的宏观表现。他指出，热质说和燃素说一样都是错误的。

1799年，英国化学家戴维做了这样的实验：在一个同周围环境隔离开来的真空容器中，使两块冰互相摩擦而熔解为水，而水的比热比冰还要高。因为与外界隔绝，冰熔解所需的热量不可能来自外界，而按照热质说观点，这热量来自摩擦挤出的潜热而使系统的比热容变小，但实际测量水的比热容不但不比冰小反而更大，在这里"热质守恒"的关系无法成立，戴维由此断言热质是不存在的。

4.4.2 迈尔否定热质说

迈尔，德国汉堡人，医生、物理学家。他第一个发现并表述了能量守恒定律。1845年，迈尔自费出版了《论有机运动与新陈代谢》。在这篇论文中，他首先肯定了力（能量）的转化与守恒定律是支配宇宙的普遍规律；接着迈尔考察了五种不同形式的"力"，即"运动的力""下落力""热""电"和"化学力"，描述了运动（能量）转化的二十五种情况，得出了否定热质和其他无重流质的结论。他根据当气体的温度发生确定的变化时，定压过程中吸收的热量大于定容过程中吸收的热量的事实，计算出热功当量的数值为1 J=365千克米／千卡，相当于1 J＝3.48焦耳／卡。

伦福德和戴维的实验为热的运动说提供了重要的实验证据，但是热质说并没有因此而被完全抛弃，卡诺利用热质说建立的卡诺定理为热质说打了一针强心剂。随着卡诺大胆纠正自己的错误，强烈支持热动说，在能量守恒定律确立之后，热质说才最终被否定。

4.5 热质说和热动说融合于质能关系

热的本质是研究物质热运动的基础。"热质"作为历史上曾经出现过的热学学说，作为人类认识发展过程中的一个阶段，它的历史作用不可否认。随着相对论的建立，给热质作一科学定量定义，两种学说可以统一融合在质能关系之中。

热是组成物体分子无规则运动的能量，但是根据爱因斯坦的质量与能量的概念是统一的思想，可以求得热能所当量的质量。爱因斯坦的质能关系式为：

$$E=mc^2=\frac{m_0}{\sqrt{1-\frac{v^2}{c^2}}}c^2=\frac{E_0}{\sqrt{1-\frac{v^2}{c^2}}}$$

式中，m是运动物体的相对性质量，m_0是运动物体的静质量；v为物体的运动速度；c是真空中光的传播速度；E是运动物体的相对性能量，E_0是静止物体的能量。当物体的运动速度远小于光速时，运动引起的物体的质量增量为：

$$m_k = m - m_0 = \frac{\frac{1}{2}m_0 v^2}{c^2}$$

可以看到，质量增量等于能量与光速平方的比值。由于气体中的分子热运动能或固体介质中的晶格振动热能本质上也是机械运动，可把机械运动的质能关系推广至热运动。热质与热能的关系为：

$$m_h = \frac{E_h}{c^2} = V\rho_h$$

式中 E_h 是物体的内能，m_h 是热质，V 是体积，ρ_h 是物体的热质密度。因此，对于具有一定温度的物体，其内能（热能）所对应的质量即热质等于它与光速平方之比。

根据爱因斯坦的质能关系式可以确定物体热能所当量的质量称为热质，基于介质中的热量传递本质上是热质在介质中的运动，所以可以用牛顿力学的方法定量描述热量传递的基本规律。

4.6　深刻认识热质说

"热质说"是物理学历史上一种错误和受局限的科学理论，但是却影响深远，极大地推动了物理学的发展，促成了热容量、比热等现在仍然使用的概念的产生。热质说和热动说的争论持续了差不多一百年，一直到19世纪中期才结束。而"热量""热容量""量热学""熔解热""汽化热"的概念被一直保留下来。

（李玉峰　聊城大学）

5

19 世纪
光的本质

——光的波动说

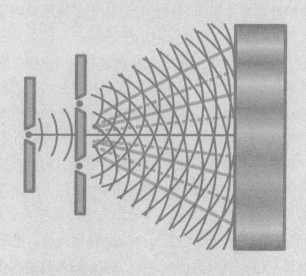

从17世纪至20世纪，随着光的波动说发展，伴随着对衍射、干涉、偏振现象的研究，光速的测量，波动说经历了在连续介质中传播的机械波—纵波、机械波—横波、电磁波三个阶段，成为19世纪占统治地位的光的本性学说，最终在20世纪统一于波粒二象性。

5.1 笛卡尔对折射定律的研究——奠定波动理论基础

到了17世纪，光学实质上一直是几何学的一部分。光线是一条直线，而发光点是这条直线的起点。几何光学关注光线传播的几何性质的研究，如光线传播的直线性、光线的反射、折射性质等。荷兰数学家斯涅尔在大量实验的基础上于1621年独立得出折射定律：入射角与折射角的斯涅尔余割（正弦的倒数）之比为常数。1637年笛卡尔独立提出了折射定律，著名的法国数学家费马运用极值原理推出了光的反射定律和折射定律。

笛卡尔在1637年出版的《折光学》一书中独立提出了折射定律的现代形式，即入射角与折射角的正弦之比为常数。在解释光的反射和折射时，持有粒子的观点。光的反射是微粒按照力学定律从一个弹性面上弹回；而光从密介质进入疏介质时的折射，则是由于光微粒通过界面时沿垂直方向的分速度减小，水平方向的分速度不变产生的。图5-1是笛卡尔演绎推理折射定律的原理图，光在CBE上面的媒质中的速度为v_i，入射角为i，在下面媒质中的光速度为v_γ，折射角为γ，根据笛卡尔的上述设想，$v_i>v_\gamma$，且有$v_i\sin\gamma=v_\gamma\sin i$，这是折射定律的现代形

式。笛卡尔为了说明光在密介
质中比在疏介质中速度更快，做
出比拟说："球沿硬而光滑的桌
面比滚过软而粗糙的地毯容易
得多。"

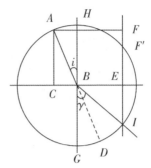

在1637年出版的《折射光》
一书中，笛卡尔关于光的本质
有这样的设想："光只能设想为

图5-1 笛卡尔推导折射定律

一种能填塞所有其他物体微孔的很稀薄的物质的某种运动或作
用。"[①]把光看作是一种在"以太"介质中压力的传播过程，
从实质上讲他是光的波动理论的奠基者。

5.2 17世纪的波动说——纵波

17世纪光的波动说形成，胡克从光的衍射现象、薄膜干涉
现象研究出发，提出光是一种振动的观点。惠更斯类比声波、
水波，明确提出光是纵波的观点，但在解释光的干涉、衍射、
偏振现象时遇到困难。

5.2.1 格里马第：发现光的衍射现象

光的波动现象第一个重大发现是来自意大利教授格里马第
关于衍射现象的发现。

1665年，《关于光、颜色的物理数学研究，颜色和数》
一书中第一次描述了光的衍射现象。如图5-2所示，在百叶窗
上开一个小孔AB，让太阳光穿过小孔射入完全封闭的黑暗房

---

① 威·弗·马吉. 物理学原著选读［M］. 蔡宾牟，译. 北京：商务印书馆，
1986：287.

间，光线形成锥形 $ACDB$。在这个光锥中放上一块不透明的物体 EF，让它与小孔 AB 保持等大的距离，将上述光锥射到放在地面上的白纸或白板上。观察它在白色屏幕上阴影的特点，不透明物体 EF 形成的阴影证明光线能偏离直线传播。改变实验条件重做这一实验之后，格里马第确定，这是一个新发现的物理现象，并称之为衍射。

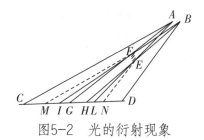

图5-2　光的衍射现象

接着，格里马第将两个小孔引出的光线投射到光屏上，发现两束光相加并不总是亮度增加，从而发现光的干涉现象。对上述现象的解释，格里马第认为光是一种流体，并与水波进行类比，"正如投入水中的石头周围形成圆形水峰一样，在不透明物体的影子周围也产生与不透明物体形状相应的发亮的条纹，他们或是以边长的形式分布，或是弯成弧形"。

5.2.2　胡克：研究光的薄膜干涉条纹

英国物理学家胡克也发现了光的衍射现象。他还对肥皂泡和其他薄膜以及云母片在光的照射下呈现的彩色干涉条纹进行了研究。1675年，在伦敦皇家学会的一次会议上，胡克提出："光是媒质的振动或震动，它是由发光物体做同样的运动引起的。这与声音很类似，声音总是被解释为传声媒介的振动，而媒质的振动又来自于发生物体的振动。如同在声音中匀称的振

动产生各种和声一样，匀称而和谐的运动混合起来在光中也形
成各种奇妙而悦目的颜色。不过，一个是凭耳朵感觉，另一个
是凭眼睛。"

通过光现象和声现象的类比，胡克隐约看到颜色同匀称而
和谐的振动的关系，隐约看到了光的周期性，这更加丰富了光
和声的相似性的认识，这种类比的方法在科学研究上有很重要
的价值。

5.2.3　惠更斯：明确提出光的波动学说

荷兰物理学家惠更斯的工作使光的波动说有了重要进展。
他认为光是由发光体的微小粒子的振动在弥漫于一切地方的媒
质"以太"中的一种传递过程。1690年惠更斯《论光》一书的
出版标志着波动光学的正式诞生。

图5-3　惠更斯

惠更斯把光与声波和水波作类比，如图5-4所示，他认
为："光同声一样以球面波传播，这种波同把石子投到平静水
面上时所看到的波相似。"①光波是纵波，以非常大而又有限

---

① 申先甲，张锡鑫，祁有龙. 物理学史简编［M］. 济南：山东教育出版
社，1985：369-372.

的速度以球面波的形式在"以太"中传播，"以太"则是由不均匀的、微小的、弹性的、压缩得非常紧密的颗粒组成。

惠更斯据此提出了一个著名的原理——惠更斯原理，如图5-5所示，在波的传播中，波阵面上的每一点都是新的子波的中心，这些子波的包络就给出波阵面的新位置。惠更斯用这个原理成功解释了光的反射和折射，并得出光密介质中的光速小于光疏介质中的光速的正确结论。

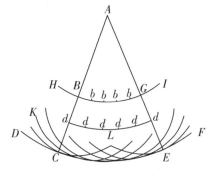

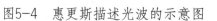

图5-4　惠更斯描述光波的示意图　　　图5-5　惠更斯原理示意图

惠更斯通过光与声的类比，认为光与声波相似是纵波，不能圆满地解释光的偏振现象。惠更斯研究了双折射现象，发现一束光通过方解石晶体分成寻常光和非寻常光，寻常光线与入射光线及折射光线在同一个平面上，完全遵循折射定律；非寻常光则不遵守折射定律。他提出用"半回转椭圆波"来解释非寻常光折射。当光线垂直入射到方解石的晶体表面上时，产生两列子波，一列是球面波，另一列是椭球面波。球面子波形成沿原来入射方向前进的波前，而椭球面子波形成的波前则要偏向一旁，从而产生非寻常光，如图5-6所示。当两块晶体摆成直角时，寻常光和非寻常光就会互换，如图5-7所示，这是惠更斯无法解释的。

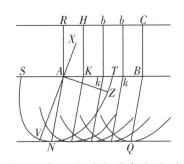

图5-6 惠更斯对非寻常光的说明

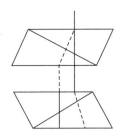

图5-7 惠更斯发现两晶体摆成直角时，寻常光与非寻常光互换

此外，惠更斯的理论在解释干涉、衍射现象时，遇到了极大的困难，造成了波动说在诞生之后的100多年的时间里，基本上没有多大的进展。

5.3 19世纪的波动说复兴——横波

从19世纪初开始，大量的实验事实说明了光的波动性，这也使得光的波动理论得以复活，主要发生在英国和法国，从1800年持续到1835年，直到19世纪末才成为较为完整的理论体系。

5.3.1 托马斯·杨的研究

第一个为波动说复苏做出贡献的是英国科学家、医生托马斯·杨。1801年，托马斯·杨提出了一种假说，他认为发光物体能够在"以太"中激起一种振动；其颜色取决于光在视网膜上引起的振动的频率。

托马斯·杨引入振动频率和波长的

图5-8 托马斯·杨

概念，确立了它们同波速之间的相互关系：$\lambda f = v$。他提供了第一批波长的数据，用来确定可见光谱的范围。

托马斯·杨的最大贡献是首先提出了"干涉"这一物理术语，并叙述了干涉原理，成功解释了牛顿的彩色光环及衍射现象。干涉原理如下：通常，当同一列光波的两部分以不同的途径严格地或近似地按同一方向到达人的眼睛时，如果光程差是某一长度的整数倍，则光就会变得更强一些，而在干涉部分之间的状态中，光则较弱，如图5-9所示。光的颜色不同，这一长度也不同。

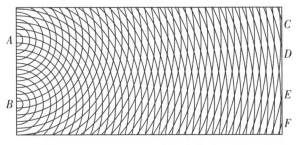

图5-9　干涉原理图

托马斯·杨做了著名的双缝干涉实验：把一个点光源放在一个不透明的屏后，光线通过屏上两个临近的狭缝，在屏的另一边发生干涉现象，如图5-10所示。这一实验成为演示光的干涉现象的经典实验。

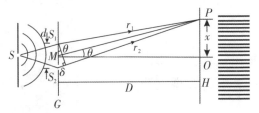

图5-10　托马斯·杨双缝实验原理示意图

1803年，托马斯·杨在《物理光学的实验和计算》一文中，首次提出干涉现象和衍射现象之间的联系，这个课题后来由菲涅耳完成；托马斯·杨还论述了紫外线的干涉现象，并得出一个重要的结论：光从更密的介质中反射时，它的波相改变半个波长（半波损失）。

虽然托马斯·杨对光的波动学说做出了不少贡献，但在长时间内，他卓越的研究工作不仅没有被科学界所承认，反而甚至受到恶意的攻击，他的干涉原理被说成是荒唐的和不合逻辑的。

5.3.2 双折射现象的研究

1808年，法国的马吕斯用冰洲石晶体观察落日在窗户玻璃上的反射光，发现只出现一个太阳的像，而不是一般双折射的两个像，猜想可能是反射造成的。夜间在验证自己的发现时，他观察了蜡烛在水面上的反射，发现当光束和表面成36°角反射时，在晶体中的一个像就消失了；在其他角度下，两个像的强度一般是不同的。在晶体转动时，较亮的像将会变暗，较暗的像将会变亮。马吕斯对寻常光线和非寻常光线的反射做了进一步的研究后发现，如果一条光线反射了，另一条光线就会进入第二种介质。由此引入"光的偏振"，寻常光线和非寻常光线在互相垂直的平面内偏振。

马吕斯进而研究了在简单折射中的偏振，并发现，光线在折射时是部分偏振的，折射光的偏振和反射光的偏振是成相反分布的。他对这一发现很高兴，认为这一发现击中了波动学说（纵波）的要害，而有利于确证把光粒子看作有不同侧面的粒子说。

马吕斯的发现，推动了对双折射现象的实验和理论的研究。阿拉果在1811年描述了能用晶体看见被偏振的白光的旋光现象。布鲁斯特在1813年描述过相似的色偏振现象。

5.3.3 光是一种横波

马吕斯发现光反射时的偏振现象，似乎对微粒说这一假说有利，牛顿曾设想光粒子有边及存在不同的侧面，它以不同的侧面进入媒质或从界面上反射，就会产生双折射和反射现象，甚至托马斯·杨也认为这种现象和光的波动说是相矛盾的。这个发现使得光的波动说（纵波）观念陷入最困难的境地。

法国物理学家菲涅耳认为，光的振动是一种连续介质——"以太"的机械运动，即把光的波动看作是"以太"振动的传播形式。

1815年菲涅耳向法国科学院提交了第一篇关于光的衍射的论文，以子波相干叠加的思想补充了惠更斯原理，认为在各子波的包络面上，由于各子波的互相干涉使合成波具有显著的强度，这给予惠更斯原理更明确的物理意义。但是这些理论在解释偏振光的干涉现象上还存在很大的困难。

菲涅耳和阿拉果总结了偏振光的干涉规律，发现两束偏振光当它们的反射面相互平行时可以发生干涉；当它们的反射面相互垂直时，干涉现象就消失。

一直在为波动说的困难寻求解决办法的托马斯·杨在1817年觉察出，如果光波的振动不是像声波那样沿运动方向做纵向振动，而是像水波那样垂直于运动方向做横向振动，问题或许可以得到解决。1817年初，托马斯·杨写信给阿拉果："虽然波动说可以解释横向振动也在径向方向并以相等速度传播，但粒子的运动是在相对于径向的某个恒定方向上，这就是偏振。"阿拉果立即把托马斯·杨的这一新想法告诉了菲涅耳，菲涅耳当时已经独立领悟到了这个思想，他立即以这一假设解释了偏振光的干涉的规律，而且还得出了一系列的重要结论，其中包括偏振面转动理论、反射和折射理论、双折射理论。光的振动是横向的假设是十分大胆的，因为根据弹性理论，在稀薄的"以太"里不可能产生横向振动。虽然菲涅耳和阿拉果一起进行了偏振光干涉的研究，但当菲涅耳用横波观点对实验结果进行解释时，阿拉果却不敢一起发表这个新的见解，因此论文这一部分由菲涅耳独立发表。

1818年，法国科学院提出了征文竞赛题目：一是利用精确的实验确定光线的衍射效应；二是根据实验，用数学归纳法推求光线通过物体附近时的运动情况。在阿拉果的支持与鼓励下，菲涅耳向科学院提交了应征论文。他从横波观点出发，圆满解释了光的偏振，用半周带方法定量计算了圆孔、圆板等形状的障碍物产生的衍射花纹，而且与实验符合得很好。但是，菲涅耳的波动理论遭到了光的粒子说者——评奖委员会成员泊松的反对，泊松利用菲涅耳的方程推导出一个关于盘衍射的奇怪结论：如果这些方程是正确的，那么把一个小圆盘放在光束中时，就会在小圆盘后一定距离处的屏幕上盘影的中心点出现一个亮斑。泊松认为这是十分荒谬的，所以他宣称已经驳倒了波动理论。菲涅耳和阿拉果接受了这一挑战，非常精彩地证实了影子中心的确出现了一个亮斑，如图5-11。

在托马斯·杨的双缝干涉和泊松亮斑的事实的确证下，光的波动说得到了复兴，粒子说失败了。菲涅耳的研究成果标志着光学进入了弹性"以太"光学的时期。光的横波性理论把

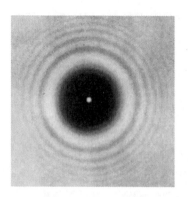

图5-11　泊松亮斑

光看成是连续介质中的机械振动，必须设想"以太"充满宇宙空间，由于光速很大，必须假定"以太"具有很强的弹性；而"以太"对在其中运动的物体又不能产生阻碍，因此必须假定它的密度很小，这令物理学家感到很困惑。

5.3.4　光速的测量——波动理论判决实验

1850年傅科测定了光在水中和空气中的速度，方法如图5-12所示，从光源a射出经过透镜会聚的光，在旋转透镜S处偏向一边，凹面镜Σ将光送回原处。只要镜子S是静止的，那么光就会由原路逆向返回，在a点处成像。如果S是旋转的，那么这个像就会偏离原来的位置，从这一偏离上可以计算出光的速度。镜子旋转的速度是800转/秒，镜子S与Σ之间的光路长约20厘米，像偏移0.7毫米，由此计算出光速为2.98×10^{10}厘米。在S和Σ之间的光路上放一个水槽来测量光在水中的速度。正如波动学说预言的，光在水中的速度比在空气中小。这样波动说就得到了决定性实验证据，给光的微粒说以最后的打击，标志着光的波动学说取得全面的胜利。

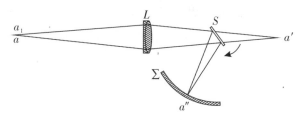

图5-12　傅科测定光速原理示意图

5.4　19世纪的波动说复兴——电磁波

19世纪30年代以后，波动光学进一步发展，先后有物理学家通过对折射、反射、偏振、干涉等方面的研究，确认红外及紫外辐射和可见光的区别仅在于其波长不同。

1864至1865年间，麦克斯韦发表了一篇著名的论文《电磁场的动力学理论》，求出电磁波的传播速度为$v=\dfrac{1}{\sqrt{\mu\varepsilon}}$，$\mu$和$\varepsilon$分别为介质的磁导串和介电常数。于是在真空中：$\dfrac{1}{\sqrt{\mu_0\varepsilon_0}}$之值等于电量的电磁单位与静电单位之比，其值为$3\times10^{10}$厘米／秒，恰好等于由实验测定的光速。这个奇妙的结果促使麦克斯韦在他的思想中实现了一个极具创造性的巨大飞跃："两个结果的一致性表明，光和磁乃是同一实体属性的表现，光是一种按照电磁定律在场内传播的电磁扰动。"

1868年麦克斯韦发表了一篇短而重要的论文《关于光的电磁理论》，指出光是一种按电磁规律在场内传播的扰动，明确把光概括到电磁理论中，这就是著名的光的电磁波学说。

1881年迈克耳孙–莫雷实验否定了"以太"存在。1888年赫兹在实验室产生了电磁波，测定了电磁波在空气中的传播速度等于光在空气中的速度；实验证实了电磁波的反射符合光的反射定律，并做了电磁波的聚焦、干涉、衍射、偏振等实验，有力地支持了麦克斯韦的学说。随着麦克斯韦电磁场理论的胜利，光波自然地被看作是一种特殊频率的电磁波，于是光波就与电磁波统一起来了。

5.5 19世纪光的波动学说获得成功

从惠更斯根据光与声现象的类比提出光是一种纵波，到19世纪托马斯·杨提出光是弹性"以太"中的横波，麦克斯韦提出光是一种电磁波，经典光的波动理论在19世纪建立。光的波动理论成功地解释了干涉、衍射、偏振等光学现象，在19世纪获得了巨大的成功，成为光的本性认识过程中重要的一页。

（李才强　潍坊滨海中学）

6 磁铁磁性的起源

——安培分子电流假说

未被磁化

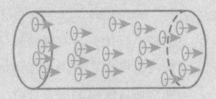

磁化后

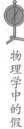
为了解释奥斯特实验现象，法国物理学家、化学家和数学家安德烈·玛丽·安培在1821年1月提出了著名的分子电流假设：天然磁体中的每一个分子都存在圆形的电流，分子类似于微小的磁体，当分子磁体的取向大致一致时磁体显示磁性。分子电流假设成功地解释了电与磁的宏观现象。

6.1　19世纪初电学和磁学的新进展

人类在古代就对电、磁现象有了认识：古希腊学者泰勒斯发现琥珀与毛皮摩擦后可以吸引轻小物体的摩擦起电现象；先秦时期的古书《吕氏春秋》中有"磁石召铁或引之也"的记载。近代电学和磁学研究可以追溯到16世纪英国物理学家吉尔伯特的著作。

16世纪英国物理学家、医生吉尔伯特首次把磁学从经验变为科学。1600年吉尔伯特的《论磁铁、磁体及地球是一个大磁铁》（后文简称《论磁》）出版，由此揭开了近代磁学研究的历史。吉尔伯特发现了磁石的相互吸引和排斥现象以及磁偏角等，证明地球是一个大磁体。

吉尔伯特还进一步发现，除了泰勒斯实验中的琥珀能够吸引轻小物体，还有许多物体经过摩擦具有吸引力，他将这类力归类为电力，并用希腊词语琥珀一词创造了"电"这个新词。他还通过实验测定各种吸引力的大小，发现磁力只吸引铁，电力太弱。

在吉尔伯特之后，一些新仪器的发明对电学的探索起到了极为重要的作用。1660年因马德堡半球实验而闻名于世的盖里克发明了摩擦起电机，如图6-1，通过手或者布片摩擦一个能连续转动的硫黄球来产生大量的电荷，这为后来的静电学研究提供了最重要的手段。1745年，荷兰莱顿大学的马森布洛克做了一个试图使水带电的实验，他在一个玻璃瓶中倒入水，然后用软木塞塞住瓶口，让一根铜丝通过软木塞插入水中。通过手摇起电机使铜丝带电，结果玻璃瓶可以存储大量的电荷。由于玻璃瓶储电实验是在莱顿大学传开的，这种储电瓶被称为"莱顿瓶"。莱顿瓶本质上是一个电容器。这两大仪器的发明奠定了近代电学实验的基础。

图6-1 盖里克发明摩擦起电机

18世纪电学取得长足发展。在18世纪80年代，法国工程师夏尔·库仑通过精细测量建立了电荷的引力和斥力平方反比定律。与牛顿的万有引力定律在形式上十分相似，电荷的引力和斥力平方反比定律使人们对物理世界的普遍规律有了深入的认识，为电磁学的发展开辟了道路，库仑定律被认为是静电学的最高成就。

19世纪以前，电学领域仅局限于静电学，磁学被认为是截然不同的一门科学，当时电磁之间的根本联系还没有被发现。

1800年，伏打发明电堆以后，稳恒电流的研究取得了重要

91

进展。在这一年里，英国的尼克尔和卡莱斯卡发现了电流的化学效应；1805年，德国的李特尔发现了电流的热效应；1809年，英国化学家戴维又发明了弧光灯，继而发现电阻定律；1822年，德国物理学家塞班克发现温差电效应，从而发明温差电池，温差电池可以提供稳定的电流；1826年德国物理学家欧姆确定了著名的欧姆定律。

6.2 分子电流假说形成历程

安培提出"分子电流"假说的历程：从奥斯特的电流磁效应实验出发，经历了"电流永远是闭合的""地球磁场来源于地球内部环状电流""磁性来自磁体内部宏观电流""分子电流假说"四个阶段。这符合人们由浅入深、由表及里、由现象到本质的认知过程。

6.2.1 奥斯特实验揭开电磁学发展的序幕

18世纪后期在德国兴起的自然哲学批评了牛顿科学中的机械论成分，认为自然界是联系的、发展的，电、磁、光、化学力是相互联系的，是同一个事物的不同侧面，代表人物是康德、谢林。丹麦物理学家奥斯特青年时代是康德哲学的崇拜者，他1799年的博士论文就是讨论康德哲学，后来奥斯特成为德国自然哲学派的追随者。1806年回国后，奥斯特被哥本哈根大学聘为教授。

由于受到自然哲学的影响，奥斯特一直坚信电和磁之间存在着某种联系，电一定可以转化为磁。在1812年出版的《关于化学力和电力的统一的研究》一书中，奥斯特推测，既然电流流经较细的导线会产生热，那么通过更细的导线时就可能发光，如果导线直径再细，还可能产生磁效应。按照这一思路，奥斯特做了很多实验，但均未成功。

1819年冬，奥斯特在主持一个电磁学讲座时产生了一个新的想法，即电流的磁效应可能不在电流流动的方向上。为了验证这一想法，他在1820年春天设计了几个实验，但仍然没有成功。同年4月，在一次讲座快结束时，他灵机一动，又重复了这个实验，结果发现：电流接通时可以使附近的小磁针转到与电流垂直的方向上。奥斯特很高兴，反复进行多次实验，在同年7月21日他发表了《关于磁针上电碰撞的实验》论文（如图6-2），论文宣告发现了电与磁的相互联系，揭开了电磁学发展的序幕。

图6-2 奥斯特演示电流磁效应

为了解释电流的磁效应，奥斯特提出了"电碰撞"这一直观概念，电碰撞是电流所辐射出的环状磁力。奥斯特发现"电碰撞"力与磁性物质发生碰撞，从而使磁性物质偏转。

奥斯特的发现震动了当时的科学界，也震动了整个欧洲。1820年9月4日，安培了解到奥斯特实验，第二天就重复了该项实验并加以发展。在同年的9月18日、9月25日、10月9日的科学院会议上，安培报告了自己的发现，通过一系列实验，为磁性的本性是电的运动提供了确切的证据。

6.2.2 安培重复并发展奥斯特实验

1）9月5日至18日

安培在9月5日重复了奥斯特的实验，并把奥斯特发现的所有现象归纳为两个事实：（1）磁针或磁性物质可以指示电流的存在；（2）磁针的指向力来自电流。安培认为"磁针指示电流"比"电流作用于磁针"更具有一般性，进而利用磁针做了一个简易电流计。安培在以下四个方面进一步发展了奥斯特实验：

（1）电流都是闭合的

当时科学界认为电流只通过连接电池的两极的导线，电池内部是没有电流的。电池内部全是电解质，为什么能通过电流呢？安培做了一个简单的实验。他将电池两极埋入纯水中，用磁针探测，发现没有电流通过。又将电池两极插入硝酸汞溶液，用磁针探测，结果磁针偏转了，说明电流流经了电解液。安培得出结论：电流都是闭合的。

（2）地磁的本质是电流

安培把环形电流概念同磁针的指向力来自电流的概念结合起来，类比产生了一个新的认识，静止时小磁针指示南北，原因可能是地球内部存在着环形电流。安培猜测赤道内部可能存在强大的地电流"像腰带一样围绕地球一圈"，使得磁针指向地球南北，因而得出地磁的本质是电流的概念。

（3）磁体本质是电流

从地球对磁针的作用联想到磁棒对磁棒的作用，可以推论："既然电流是地球（使磁针）产生方向的原因，那么电流同样是一个磁体作用于另一个磁体的原因。从而得出结论，磁体应当考虑成电流的集合，这种电流处在与磁轴垂直的平面上……"这是安培对磁性的最初解释，核心要义是"磁就是电流或运动中的电"。

（4）通电螺线管会相互作用

在安培看来，磁体内部存在无数圈电流，形如螺线管电流。其思想又进入一个新阶段：线圈和螺线管。他认为如果磁的本质是电流，那么两个通电的线圈或螺线管也会互相吸引或排斥，就像两个磁体作用那样。为此安培做了实验来验证，但结果并没有想象的那样顺利。

安培在9月18日的法兰西研究院的科学例会上第一次表演了奥斯特实验，并且提出了通电线圈和螺线管相互作用的可能性。

其实验过程中的思想链条大致如下：磁针指示电流—电流通过电池—电流总是闭合的—地磁本质是电流—磁体本质是电流——一切磁性都来自电流—通电螺线管会相互作用。最重要的结论是磁性的本质是电流。

2）9月19日至25日

安培在这一周主要寻找磁性的证明，在菲涅耳的协助下再次进行实验。

第一步：实验要证明通电螺线管与磁棒的相互作用，以及它在地磁场中是否偏转。安培将裸体导线绕在一根玻璃棒上，让电流通过导线，这就是第一个电磁铁。安培观察到这个螺线管与磁棒之间存在吸引和排斥现象，但没有发现螺线管在地磁场作用下发生偏转，分析原因是电池功率太小。这一步实验取得了部分成功。

第二步：研究两个螺线管的作用和两个线圈的作用。由于相同的原因，螺线管实验没有成功。安培把两个平面线圈接在同一个电池上，让两个线圈平面平行。他发现：当两个线圈电流方向相同时，线圈相互吸引；电流方向相反时，线圈相互排斥。

在9月25日的法兰西研究院科学例会上，安培演示了两个通电线圈作用的实验，宣读了关于地磁性质的猜测。

会议结束后，安培看了阿拉果用电流磁化铁粉的实验。他受到启发，进行了通电螺线管磁化钢针的实验并获得成功，加深了其对磁的电流本质的信念。

3）9月26日至10月9日

奥斯特实验揭示电流产生磁力，安培发现通电螺线管磁化钢针，这两个实验都可以说明电流产生磁力，但是奥斯特实验表明可以用磁针指示电流，后者表明可以用电流指示磁针。这一对称情况很好理解。比如：磁针的任意一极在空间走了一圈，如果没有受到机械力，那么可以认为一定有电流通过圆心；如果有一圈电流，就可以认为在这个电流的两边产生出一对磁极，它们的连线与电流所在平面垂直，这也正是磁就是电流的概念。

9月26日开始，安培着手研究载流直导体的相互作用。从圆形电流的相互作用到直线电流的相互作用，安培主要有以下三个方面的思考：第一，在9月25日演示圆形线圈实验时，发现连接线圈的铅导线在通电后出现相互扭曲现象。由此联想，同一电路的一部分导体可能会对其余部分产生作用。第二，两个平行的线圈通过同向电流时相互吸引，倘若将这两个原线圈展成直线，并且保持原来的位置和电流，会发生什么现象呢？也可能相互吸引。第三，基于对称性考虑。一段直导线可以产生一个环形的磁力，而一个环形电流可以产生一对直线分布的磁极。这是一种自然对称现象。一对磁棒可以相互吸引或排斥，作为这种现象的对称是一对直线电流的相互吸引或排斥作用。

安培基于上述考虑，对载流的直导体的相互作用进行了实验研究，发现：当两根平行的导体通有同向的电流时，互相吸引；通有不同方向的电流时，互相排斥。安培在10月9日的科学例会上表演了这个实验。

4）10月10日至11月6日

安培提出地磁的本源是地壳中存在绕地轴旋转的电流，并进行了实验证明。10月16日，安培在科学例会上演示了这个实验，主要证明地磁场对电流的作用。接着在11月6日的科学例会上表演了两个螺线管的相互作用。

安培关于磁性的假说已经在实验上得到了证明。安培要在这些实验观察的基础上建立一套数学理论，对这些现象给予本原上的解释。

6.2.3 建立电动力学理论

安培完成上述实验和观察后，着手建立电动力学理论。

1. 基本思想：一切电磁现象和纯粹的磁学现象作为单纯的电流相互作用的力学现象来处理。安培把电流之间的作用力称为电动力，把处理这种力的理论称为电动力学。电动力学由此得名。

2. 安培决定以任意形状的两个电流的相互作用为出发点建立电动力学公式。自从牛顿提出万有引力定律后，与距离成平方反比的关系已经成为研究任何非相互接触力首先试探的关系，$\frac{1}{r^2}$ 成为一切超距离力的美学特征。库伦在形式上解决了静电力学的平方反比关系，将超距离论力学模式从英国引入法国，对19世纪初的法国影响很大。

安培在超距离论的基础上建立了电动力学的基本公式。

安培像牛顿把质量分解为无数质点那样，把电流看作无数电流元的集合。从1820年10月开始，安培利用几个月的时间集中研究了电流元之间的相互作用力。他认为只要找到这个关系式，就可以通过数学方法推导出所有的电磁现象的定量结果。当时测量这种作用力非常困难，但是安培想到如果实验中所有的力是互相平衡的，那么更高的精确度是可以达到的，这就是所谓的"示零实验"，如图6-3。他以精巧的实验和高超的数学才能提出了一个假设：两个电流元之间的作用力沿着它们的连线方向。为证明这一假设，安培采用示零法做了四个设计巧妙的实验。

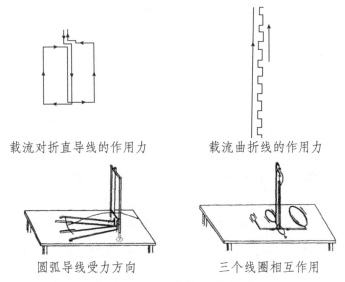

载流对折直导线的作用力　　　　载流曲折线的作用力

圆弧导线受力方向　　　　三个线圈相互作用

图6-3　四个安培示零实验

第一个实验，安培用一个无定向秤检验载流对折导线的作用力，得到了否定结果，从而证明当电流反向时它所产生的作用是相反的；第二个实验同样采用一个无定向秤检验一载流对折导线的作用力，对折导线绕成螺旋线，仍得到否定的结果，从而证明电流元的作用具有矢量性质；第三个实验，在一端固定于圆心的绝缘柄上连接一圆弧形导体，再将这一导体架在两个通电的水银槽上，然后用各种线圈对它作用，圆弧形导体并不沿其电流方向运动，这就证明作用于电流元上力的方向是与它垂直的；第四个实验，用三个相似的线圈，它们的长度之比与间距之比一致，通以电流后发现，两边的线圈对中间线圈的作用为零。这个结果表明，各电流的长度和相互距离增加同样的倍数时，作用力不变。

安培在上述四个实验的基础上，根据两个电流元之间的作用力沿它们的连线方向，推导出电流元之间的相互作用公式：

$F = \dfrac{i \cdot i' \cdot \mathrm{d}s \cdot \mathrm{d}s'}{r^2} \left[\sin\theta \cdot \sin\theta' + k\cos\theta\cos\theta' \right]$，经过数学变换，

目前使用的安培公式为：$\mathrm{d}\boldsymbol{F}_{12} = k \dfrac{I_1 I_2 \mathrm{d}\boldsymbol{l}_2 \times (\mathrm{d}\boldsymbol{l}_1 \times \boldsymbol{r}_{12})}{r_{12}^3}$，从形式上看，与牛顿的万有引力公式非常相似。安培认为电流元之间的相互作用力是电磁现象的核心，电流元相当于力学中的质点。

6.2.4　提出分子电流假说

一系列的理论成果使安培认识到磁与电并不是孤立的，磁是电的诸多特性中的一个方面。两载流导线之间的不寻常的吸引和排斥作用，已经给予他这一思想有力的支持。他试图从这个方向为已经发现的电磁现象寻找一个根本原因，但困难的是

如何把这种解释应用到永磁体。答案似乎惊人的简单：如果磁确实是电的运动产生的，那么磁棒中必须有电流。

安培是分子论者，他对磁体中存在宏观电流的假设是根据伏打电堆的原理简单地进行解释的。他认为伏打电池之所以能产生电流，是因为不同金属接触的结果。类似地，磁体中的铁分子的接触也会产生电流。即把磁体看作一连串的伏打电堆，它们的电流都环绕磁体的轴做同心圆运动。

在安培提出分子电流的过程中，菲涅耳起到了重要作用。菲涅耳是安培的好朋友，具有很强的直觉能力，是法国19世纪波动光学的奠基人。他在了解了安培的论文以后，赞成安培关于磁起源于电流的观点，但同时也指出安培的磁体宏观电流的假设不能成立，因为宏观电流将使磁体生热，但实际上磁体不可能自行地比周围的环境更热一些。菲涅耳在给安培的一封信中建议，为什么不把假定的宏观电流改为环绕着每一个分子的呢？这样，如果这些分子可以排成行，这些微观的电流将会合成所需的同心电流。

安培在收到菲涅耳的信后，立即放弃原来的假定而采取了菲涅耳的建议，并于1821年1月前后，提出了著名的"分子电流假说"。安培认为在原子、分子等物质微粒的内部，存在着一种环形电流——分子电流，分子电流使每个微粒成为微小的磁体，分子的两侧相当于两个磁极。通常情况下，分子电流呈对称性均匀分布，因而对外界作用相互抵消，不显磁性。当受到外界磁力或电力作用时，分子电流就会规则地排列起来，使分子之间的电流相消而只剩下物体最外沿分子的外侧电流，这些外侧电流叠加形成绕外磁力方向回旋的同轴电流。

自然磁体中的分子本身就是这样规则排列的，而且能显示磁性。从宏观上看，这些电流像是连续的，从微观上看则是不连续的。因此，分子电流一方面展现磁体或者磁化物体的磁性，另一方面又没有热效应和化学效应。分子电流假说在经典物理的范畴内深刻地反映了物体磁性的本质。

6.3　成功解释几乎所有物质都能被不同程度地磁化

分子电流假说成功地解释了物质宏观磁性的内在原因。由于电流从分子的一端注入，通过分子周围的空间，从分子的另一端流出，磁性体的分子电流呈现出不对称分布形状，并且所有的分子电流呈现规则的排列，所以对外显示宏观磁性。

如果这个观点是正确的，那么就有可能使那些似乎不能磁化的物体激起一定程度的磁性。这个预言不久后被法拉第证实了。1845年11月，法拉第用他的强电磁铁发现，许多物质（如重玻璃、铜棒、木块、硫黄、橡皮、动物组织等）做成条形时，在外磁场作用下将分为两类：一类所产生附加磁场的方向与外磁场方向相同，称为顺磁性物质；另一类所产生的附加磁场方向与外磁场方向相反，称为逆磁性物质。

6.4　微观粒子内电子的运动形成分子电流

作为一个超前预言，分子电流假说走在了时代的前头。直到1911年，卢瑟福通过粒子散射实验的分析和计算，提出"一切原子都有一个核，电子像行星一样绕核旋转"的模型以后，才有了轨道磁矩的概念。

1922年，斯特恩和盖拉赫发现原子中还存在一种不能用轨道磁矩来说明的磁矩。为了解释这一问题，乌伦贝克和高德斯米特于1925年提出了电子具有自旋的假设，成功地解释了斯特恩–盖拉赫实验的结果。今天我们知道，正是这些原子、分子等微观粒子内电子的运动形成了"分子电流"。现代物理学认为，原子和分子的磁性是由于电子在原子核周围转动或绕着自身的轴迅速自旋而产生的。可见，安培分子电流假说与近代物质微观结构理论相当符合。

6.5 分子电流假说——电动力学的本体论本原

研究物理学有两种方法论：认识论和本体论。认识论是从现象、人工现象或实验所产生的效应来把握世界的统一性，物理学家的任务是对物理效应做出统一的解释，奥斯特对发现电流的磁效应的解释就是这种方法。本体论从接受客观事实出发，通过思辨构造某一不能观察到的最终实体，建立它的数学模型，然后将它上行演绎到经验世界，如果能够统一解释可观察的物理世界的现象，就把这种假设实体当作一类现象的本源。物理学家并不一定要求他们所假设的这种实体能够得到直接的实验证明。

安培创立电动力学时就是使用本体论的方法，他所假设的分子电流，就是作为电动力学的本源而发挥作用。安培从"分子电流"假说出发，大胆给出了分子电流的结构和作用，通过数学推导和物理实验得出了他的电动力学基本公式，把电磁学纳入了牛顿力学的框架，从而成为电动力学创始人，是物理学中第一个本体论者。

安培分子电流假说的历史功绩在于它与安培对电磁学的电动力学解释结成为一致性的整体，第一次把电磁学与数学结合起来，揭示了电磁学的美学特征。

6.6　对安培成功的思考

图6-4　安培

安德烈·玛丽·安培，里昂人，法国物理学家、化学家和数学家。出生于一个富裕的商人之家，法国大革命时父亲被处决，安培心情一直十分忧郁。安培最主要的成就是1820—1827年对电磁作用的研究，他被麦克斯韦誉为"电学中的牛顿"。安培因何能够成功呢？

安培父亲遵照卢梭的理论，给安培建立了一所家庭图书馆，收集各种儿童读物，还有大量成年人才读得懂的书籍，让安培自行挑选，并辅以适当的指导。这种教育方式使安培的才智得到自由发挥。安培读了法国博物学家布丰的《自然史》和狄德罗主编的《法国大百科全书》。大百科全书对安培的一生影响巨大，他在读后三十年还能背诵这部百科全书中的许多条目。

12岁时，安培选择数学作为主要研究方向，学习了欧几里得的早期著作，准备了足够的几何学知识。他在里昂图书馆管理员达比隆的指导下学习了微积分，随后又自学了拉格朗日的《分析力学》和达朗贝尔的著作，为后来创立电动力学奠定了坚实的基础。安培根据自己的爱好进行学习，获得了渊博的知识。

（刘冠坡　冠县一中）

7

揭开 20 世纪
经典物理学
大厦乌云
神秘的面纱

—— 普朗克能量子假说

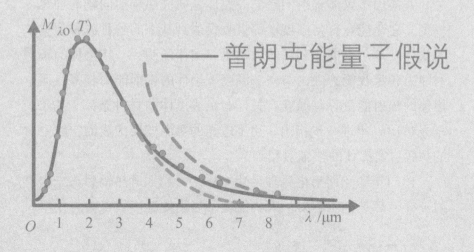

为了解释黑体辐射曲线，1900年12月4日德国物理学家普朗克提出："辐射能量E由一些数目完全确定、有限而又相等的部分组成，对于这个有限又相等的部分，我们应用了自然常数$h=6.55×10^{-27}$尔格·秒。"入射频率为ν，最小的不可再分的能量单元为$h\nu$，普朗克将其称作"能量子"或"量子"。普朗克凭借量子概念获得1918年诺贝尔物理学奖。

7.1 黑体辐射研究

量子概念是为克服经典物理学在对黑体辐射解释上的困难而提出来的。热辐射这一经典问题的讨论导致了20世纪的一场物理学革命。

7.1.1 热辐射的早期研究

物体由于具有温度而向四周散热，这种现象被称为热辐射。热辐射的正式研究工作从德国物理学家古斯塔夫·罗伯特·基尔霍夫开始。1859年，基尔霍夫证明热辐射的发射本领$e（\gamma，T）$和吸收本领$a（\gamma，T）$的比值与辐射物体的性质无关，并提出了黑体辐射的概念。黑体是研究热辐射问题的理想模型，它是能在任何温度全部吸收投射到其上的各种波长能量的物体。基尔霍夫还利用热力学第二定律证明：一切物体的辐射能力和吸收能力之比与同一温度下黑体的辐射能力相等，而黑体的辐射能量只与温度有关，与组成黑体的材料无关。基尔霍夫在1861年进一步指出，用不透光的等温壁所围成的空腔中的热辐射与黑体的热辐射相等。

1873年麦克斯韦电磁理论建立后，人们知道热辐射与光辐射一样，都是电磁辐射。人们发现，当物体温度较低时，主要发射波长较长的红外线，随着温度升高，辐射能量急剧增加，发射最强的波长向短波方向移动。人们试图找出热辐射与波长、物体温度之间的具体规律，并试图用数学公式表示出来。

7.1.2 兰利的热辐射能量分布曲线

美国人兰利对热辐射研究做过很多工作。1878年，他发明了热辐射计，可以很灵敏地测量辐射能量（图7-1）。为了测量热辐射的能量分布，他设计了很精巧的实验装置。他用岩盐制作棱镜和透镜，仿照分光计的原理，将不同波长的热辐射折射到热辐射计的不同位置，从而测出能量随波长变化的曲线，从曲线可以明显地看到最大能量值随温度增高向短波方向转移的趋势（图7-2）。

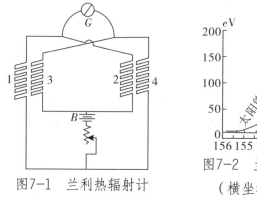

图7-1 兰利热辐射计

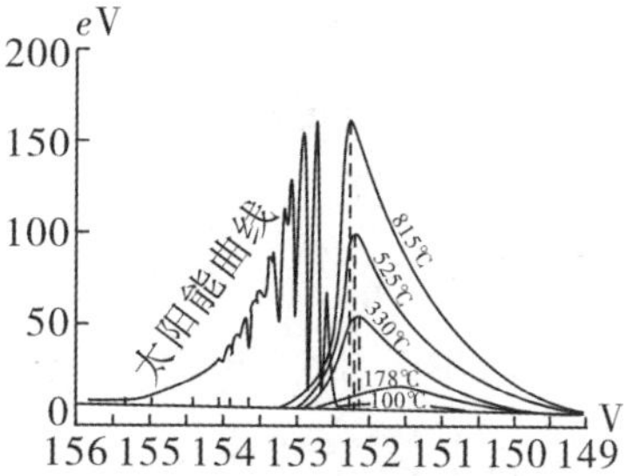

图7-2 兰利的能量分布曲线

（横坐标代表光谱位置）

兰利的工作大大激励了同时代的物理学家从事热辐射的研究。1879年，斯特藩总结出黑体辐射总能量与黑体温度四次方成正比的关系：$E = \sigma T^4$。1884年，玻尔兹曼从电磁理论和热力学理论上对这一关系进行了证明。1888年，韦伯推测出能量最大值的波长同绝对温度的乘积一定。

7.1.3 维恩分布定律研究

维恩是一位在理论、实验方面都有很高造诣的物理学家。他所在的研究单位是德国帝国技术物理研究所，以基本量度基准为主要任务。当时正值钢铁、化工等重工业大发展，急需高温量测、光度计、辐射计等方面的新技术和新设备，于是这个研究所就开展了许多有关热辐射的实验。研究所里有不少实验物理学家后来都对热辐射做出了重大贡献，其中不乏鲁本斯、普林舍姆、卢梅尔和库尔班等物理界名流。

1893年，维恩提出辐射能量分布定律：

$$u=b\lambda^{-5}e^{-\frac{a}{\lambda T}} \tag{7-1}$$

这就是维恩分布定律，其中 u 为表示能量随波长 λ 分布的函数，也叫能量密度，T 表示绝对温度，a、b 为两个任意常数。

从维恩分布定律可得维恩位移公式：

$\lambda_m T = b$（$b=2.898\times10^{-3}$m*K）

即对应于能量分布函数 u 最大值的波长 λ_m 与温度 T 成反比。

1895年，维恩和卢梅尔建议用加热的空腔代替涂黑的铂片来代表黑体，使得热辐射的实验研究又大大推进了一步。随后，卢梅尔和普林舍姆用专门设计的空腔炉进行了实验。他们用的加热设备如图7-3。

维恩分布定律在1893年发表后引起了物理学界的注意。实验物理学家力图用更精确的实验对

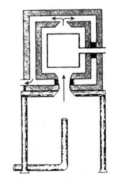

图7-3　卢梅尔等人用于加热空腔的双壁煤气炉

这一定律予以检验;理论物理学家则希望把它纳入热力学的理论体系。普朗克认为维恩的推导过程存在太多假设,有拼凑的可能,难以令人信服。于是从1897年起,普朗克开始投身于这个问题的研究。他力图用更系统的方法和尽量少的假设从基本理论推导出维恩分布定律。经过两年多的努力,普朗克终于在1899年出色地达成了这一目标。他把电磁理论用于热辐射和谐振子的相互作用,通过熵的计算得到了维恩分布定律,从而使这个定律获得了普遍的意义。

　　然而就在这时,德国帝国技术物理研究所成员的实验结果表明维恩分布定律与实验之间存在偏差。1899年卢梅尔与普林舍姆向德国物理学会报告说,他们把空腔加热到800~1400K,所测波长为0.2~6μm,得到的能量分布曲线基本上与维恩分布定律相符,但定律中的常数似乎随温度的升高略有增加。次年2月,他们再次报告,在长波方向(他们的实验测到8μm)存在系统偏差。图7-4是当时他们用来表示偏差的对数曲线。

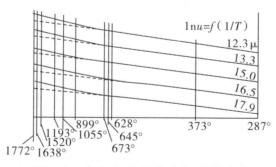

图7-4　卢梅尔和普林舍姆的等色线

　　根据维恩分布定律,应有 $\ln u = \ln(b\lambda^{-5}) - \dfrac{a}{\lambda T}$,所以 $\ln u \sim \dfrac{1}{T}$ 图像应为一条直线。然而,德国帝国技术物理研究所

成员的实验结果却是温度越高，图像偏离得越厉害。分析这些实验结果后不难发现，维恩分布定律与实验结果在短波区域内符合得较好，在长波区域内则存在较大偏差。

接着，鲁本斯和库尔班将长波测量扩展到51.2 μm。他们发现在长波区域辐射能量分布函数（即能量密度）与绝对温度成正比。

普朗克刚从经典理论推导出的辐射能量分布定律，看来又需作某些修正。正在这时，瑞利从另一途径也提出了能量分布定律。

7.1.4 瑞利–金斯定律

瑞利是英国著名物理学家，他看到维恩分布定律在长波方向的偏离，觉得有必要提醒人们，在高温和长波情况下，麦克斯韦–玻尔兹曼的能量均分原理似乎仍然有效。他认为："尽管由于某种尚未澄清的原因，这一原理普遍地不适用，但似乎有可能适用于（频率）较低的模式。"于是他假设在辐射效应中，电磁谐振的能量按自由度平均分配。由此得出：

$$u \propto v^2 T \qquad\qquad (7-2)$$

或　　　　　　　　　　$$u \propto \lambda^{-4} T \qquad\qquad (7-3)$$

这个结果比维恩分布定律更能反映高温下长波辐射的情况，因为根据（7-1）式，当 $\lambda T \to \infty$ 时，$u = b\lambda^{-5} e^{\frac{-a}{\lambda T}} \propto \lambda^{-5}$，与温度无关，可是实验证明，此时 u 与 T 成正比。

瑞利显然注意到了，当 $\lambda \to 0$ 或 $v \to \infty$ 时，他的公式会引出荒谬的结果，因为此时 $u \to \lambda^{-4} T$ 将趋向无穷大。于是，他在公式（7-3）中填了一个指数因子 $e^{-\frac{c_2}{\lambda T}}$，认为这样可以兼顾短波方向，得：

$$u = C_1 \lambda^{-4} T e^{-\frac{c_2}{\lambda T}} \qquad (7\text{-}4)$$

瑞利申明他的方法"很可能是先验的"，他没有资格判断（7-3）式是否代表观测事实。希望这个问题不久就可以从投身这一课题的卓越实验家之手中获得答案。

1905年，瑞利计算出了公式（7-2）的比例常数，但计算中有错。金斯随即撰文予以纠正，得：

$$u = \frac{8\pi v^2}{c^3} kT \qquad (7\text{-}5)$$

于是这个公式就被习惯称为瑞利-金斯定律。它代表了能量均分原理在黑体辐射问题上的运用，所以常常被人引用。

这个公式也有着局限性：它在低频区域内与实验结果符合得比较好，在高频区域内与实验结果有着很大差异，辐射能量在紫外区趋于无限大，这显然是荒谬的，因而被称为"紫外灾难"。

上述黑体辐射公式是完全根据经典物理学的理论推导出来的，尤其是瑞利-金斯定律，它的推导直接应用了能量均分原理。这一阶段黑体辐射规律探索的失败无可怀疑地表明了经典物理学理论在黑体辐射问题上的失败。

7.2 普朗克假说提出

普朗克是理论物理学家，但他并不闭门造车，而是密切注意实验的进展，并保持与实验物理学家的联系。普朗克经常参加德国帝国技术物理研究所的讨论会。凭借着在热力学领域的深厚造诣，普朗克自然地接替了维恩，成为这批实验物理学家们的核心人物。

普朗克提出能量子假说的过程如图7-5所示，在研究黑体辐射的维恩分布定律、瑞利-金斯定律的基础上，提出了普朗克公式，与实验曲线十分吻合。为了解释普朗克公式，普朗克提出了能量子假说。

图7-5　普朗克能量子假说提出过程

7.2.1　普朗克黑体辐射定律

普朗克想在电磁理论的基础上弄清楚热辐射过程的本质。1895年，他论述说，空腔内存在着很多振子，由于它们发射、吸收电磁波，相互之间进行着能量交换，最终达到平衡状态，这时空腔内就会充满黑体辐射。1896年，普朗克表示谐振子的平均能量和辐射能量之间存在着特殊的关系。这个重要的结果表明，为了研究黑体辐射，不需要直接观测辐射，只需要观测谐振子就可以了。从1897年2月到1899年6月，普朗克向柏林科学院提交了5篇题为《论不可逆辐射过程》的论文，他在论文中把维恩分布定律确定为黑体能量辐射的唯一定律。他认为熵应该具有最基本的意义，应该将辐射振子的熵与其能量联系起来；空腔中辐射能量的分布是各种可能分布中最稳定的分布，因此在给定体积中具有一定能量值的辐射，其熵值最大，如果找到了熵S与振子平均能量U之间的函数关系，就可以得出辐射光谱的能量分布定律。

普朗克推导黑体辐射定律的主要过程如下：

1）仿效推导维恩分布定律

普朗克仿效维恩的实验，研究封闭在一个具有理想反射壁的空腔里的电磁辐射，用赫兹谐振子与辐射场之间的相互作用建立起平衡状态，把电动力学和热力学的方法结合起来，得到关于辐射能量密度的理论公式：

$$\rho\left(v,\ T\right)=\frac{8\pi v^2}{c^3}U\left(v,\ T\right)$$

式中$U\left(v,\ T\right)$是频率为v的赫兹谐振子的平均能量。普朗克认为当把振子的熵与能量的关系确定之后，振子的平均能量就能确定下来。为此他利用热力学第二定律在等容过程中的关系式$ds=\dfrac{\mathrm{d}U}{T}$，以及由维恩分布定律得出的振子平均能量$U$的表示式，给出了具有频率$v$和能量$U$的一个赫兹振子的熵的定义式：

$$s\left(U\right)=-\frac{U}{av}\ln\frac{U}{ea'v}$$

式中的a与a'为常数，从这个定义式很容易得到维恩分布定律。普朗克由此认为这种确定熵函数的方式表明熵只能具有一种可能的形式，因而系统的总熵值将单一地增加到一个极大值；同时我们也可确信，维恩分布定律是唯一正确的辐射定律。根据当时的精密测量结果，普朗克得出了a'与a的值。$a'=6.855\times10^{-27}$尔格·秒，这就是后来的普朗克常数h；a则为今天所说的h/k。普朗克的做法是把维恩分布定律作为辐射函数的一个经验猜测，从这个分布定律所提供的信息来确定使用一个振子熵的定义式作为一个基本假设，然后由系统的熵变出发，给辐射定律一个严格的理论论证，然而其正确与否需要用实验进行验证。

2）鲁本斯实验

在普朗克提出他自认为对维恩分布定律的严密推导的同时，鲁本斯和库尔鲍姆的测量表明，对于很长的波长 λ 和很高的温度 T，辐射强度正比于 T，即 $\rho =$ 恒量 $\cdot T$。

1900年10月7日，鲁本斯在拜访普朗克时提到在他能得到的最长的波长的情况下，瑞利提出的定律是成立的这一结论。得知这一结论后，普朗克立即着手研究这个结果对于他提出的平衡熵的理论含义。

3）普朗克黑体辐射公式

根据平衡熵的理论定义，$\dfrac{d^2 S}{dU^2} = \dfrac{\text{恒量}}{U}$。这个关系式十分简单，因此相信"物理定律普遍性就是越来越简单"的普朗克把它看作一个有特征的普适关系和"整个能量分布的基础所在"。现在根据鲁本斯的结果，对于长波长来说，熵应该满足方程 $\dfrac{d^2 S}{dU^2} = \dfrac{\text{恒量}}{U^2}$。这同样是一个有一定实验根据的简单而值得注意的关系。因此，振子的熵对于能量的二阶导数应该满足两种简单的渐进情况：对于长波长，它与能量成反比；对于短波长，它与能量的平方成反比。为了得到普适的情况，必须把这两项结合起来，于是得到了关于平衡熵的方程：

$\dfrac{d^2 S}{dU^2} = \dfrac{\alpha}{U(\beta + U)}$，式中 α、β 是依赖于波长的恒量。对这个方程进行积分得到 $\dfrac{dS}{dU}$ 的表示式，令它等于绝对温度的导数，再一次积分，就会求得一个振子的平均能量表示式，由此得到一个新的辐射公式，即

$$\rho\,(\,v\,,\ T\,)=\frac{c_1'v^3}{e^{\frac{c_2'v}{T}}-1}$$

$$或\,\rho\,(\,\lambda\,,\ T\,)=\frac{c_1\,\lambda^{-5}}{e^{\frac{c_2v}{\lambda T}}-1}$$

在1900年10月19日德国物理学会的会议上，普朗克以《维恩辐射定律的改进》为题，提出了这个公式。当天晚上，鲁本斯得知这一公式后，立即把自己的实验结果和理论曲线进行比较，发现完全符合。第二天早晨他就将这一结果告诉了普朗克，并深信普朗克的公式里包含着极其重要的含义，绝不是一个偶然的巧合。

7.2.2 普朗克黑体辐射公式的尝试性解释

普朗克也立即认识到，更为基本的任务是为这个方程提出理论基础和物理根源，这个任务导致了自然界的一个新恒量——作用量子的发现。

1）放弃热力学、电动力学的观点

沿着什么方向去寻求这个物理根源呢？这是极为困难的一步，他必须放弃与统计力学对立的立场，接受玻尔兹曼的方法来研究问题。正如普朗克在1920年所做的诺贝尔授奖演说中的回忆"这个问题自然就引导我去考虑熵与概率的关系，这正是玻尔兹曼的思想路线。经过一生中最紧张的几个星期的工作之后，我从黑暗中看到了光明，一个以前完全意想不到的崭新景象展现在我的眼前"。

2）采取玻尔兹曼统计力学的观点

在此之前，普朗克一直试图采用热力学与电动力学进行论

证，但是没有成功。现在，自然规律迫使他采取玻尔兹曼关于熵的统计解释。

玻尔兹曼早已指出，一个热力学体系任一状态的熵与这个状态的热力学概率 W 是对数关系，即 $S \propto \ln W$。为了使热力学概率这一概念具有明晰的物理意义和可测度性，普朗克把它与可能呈现这个宏观状态的各个微观态（称为"配容"）的数目联系起来。于是根据熵的可加性和配容的可乘性，就把上述关系式表示为 $S = k \ln W$。

普朗克在这里已经作出了一个革命性的假设，认为每一个宏观态对应的微观态的数目是完全确定的；而从配容入手，很自然就要引入能量不连续的假定，因为只有能量分成一份份的，才能够计算出确定的配容数目。

于是普朗克就假设空腔的腔壁是由很多的带电谐振子组成的，它们不但辐射和吸收电磁波，还与腔内的辐射场交换能量；而由于配容是分立的、有限的，把总能量 E 分配给这些谐振子的方式也应当是有限的划分，它只能以能量元 ε 为单位进行分配，即 $E = P\varepsilon$，P 为正整数。应用排列组合方法和热力学原理进行的计算结果与以前得到的经验公式进行比较，可以得出：

$$\varepsilon = hv,$$

$$U = \frac{hv}{e^{\frac{hv}{kT}} - 1},$$

因而黑体辐射分布公式为

$$\rho\left(v, \; T\right) = \frac{8\pi hv^3}{c^3} \cdot \frac{1}{e^{\frac{hv}{kT}} - 1}。$$

3）能量子假说正式发表

普朗克在1900年12月14日以《关于正常光谱的能量分布定律的理论》为题发布了他的上述结果。在这篇论文中，他特别强调说"我们采取这种看法（并且是整个计算中最重要的一点），认为E是由一些数目完全确定的、有限而又相等的部分组成的，而对于这个有限而又相等的部分，我们应用了自然常数$h=6.55 \times 10^{-27}$尔格·秒"。

7.3 能量子假设最初无人问津

普朗克的公式引起了物理学家们的注意，但不是由于他的逻辑有很强的说服力（他的论证是复杂的和远非无争论余地的），而是因为它和观测数据惊人的一致。普朗克提出能量子假说有划时代的意义，当时大多数物理学家只是把普朗克公式看作一个局限于辐射问题的经验公式。

在20世纪的最初5年内，普朗克的工作几乎无人问津，普朗克自己也感到不安，总想回到经典理论的体系之中，试图用连续性代替不连续性。为此他花了许多年的精力，但最后还是证明这种尝试是徒劳的。当时瑞利、金斯以及英、法等国几乎所有的物理学家仅仅是接受了普朗克的辐射公式，而不接受作为这一公式的理论基础的能量量子化假设，甚至还反对这一假设。

普朗克本人也为采取了能量量子化假设这个"完全是孤注一掷的行动"而长期感到不安，他开始多次试图退回到经典物理学的力学量是连续变化的这一旧概念中去。1910年普朗克曾丢弃了辐射的吸收过程中必须是量子化的假设；到了1914年他竟然将辐射的发射过程必须是量子化的假设也丢弃了。后来他回顾说："我试图无论如何将作用量子纳入到经典物理学的范围里，结果却是完全徒劳的。""我现在知道了这个基本作用量子在物理学中的地位远比我最初所想象的要重要得多，……我清楚地看到在处理原子问题时引入一套全新的分析方法和推理方法的必要性。"

7.4　量子假说获得成功

爱因斯坦最早明确地认识到普朗克能量子假设的意义，并应用以解释光电效应、固体比热，获得巨大的成功。

爱因斯坦应用能量子假说解释固体比热问题。1907年爱因斯坦进一步把能量子假说用于固体比热，得到定容原子热为：

$$C_v = \frac{d\bar{E}}{dT} = 3R\frac{\left(\frac{h\nu}{kT}\right)^2 \exp\left(\frac{h\nu}{kT}\right)}{\left[\exp\left(\frac{h\nu}{kT}\right) - 1\right]^2},$$

若取 $\beta \equiv \dfrac{h}{k}$ ，得：

$$C_v = 5.94\frac{\left(\frac{\beta\nu}{T}\right)^2 \exp\left(\frac{\beta\nu}{T}\right)}{\left[\exp\left(\frac{\beta\nu}{T}\right) - 1\right]^2},$$

引用H.F.韦伯的数据，理论与实验基本相符，如图7-6所示。能斯特和他的合作者林德曼测量了极低温度下的固体比热，1910年2月17日第一次报告了他们的实验结果：数据描绘成图线，大多数情况下获得一条直线；这条直线向着低温端越小，甚至变成零，至少是一个很小的值，这与爱因斯坦的理论是一致的。

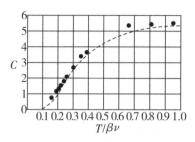

图7-6　金刚石的原子热曲线

此后用量子概念成功地解释了磷光和荧光现象的斯托克斯定律，给普朗克量子理论提供了有力的支持来克服传统的旧念。

1911年11月，比利时企业家欧内斯特·索尔维邀请世界著名的物理学家和化学家在比利时首都布鲁塞尔召开首届索尔维会议（如图7-7），主要讨论普朗克的能量子问题。这次会议标志着人们肯定了普朗克的开创性工作。

图7-7　1911年首届索尔维会议照片

1913年，年轻的丹麦物理学家玻尔把量子论的思想应用于原子问题中占支配地位的难以理解的规律上，提出原子结构的量子理论，进而解释了经典物理学在原子稳定性等问题上的一系列困难，揭示了原子光谱之谜，成为普朗克量子理论发展史上一个重大的里程碑。随着时间的推移，人们逐渐认识到普朗克理论是现代物理学研究的最重要的指导原则，而普朗克的天才发现作为科学的财富直到现代还在发挥其作用。

1919年，由于普朗克的量子理论为许多领域带来丰硕的成果，几十位著名物理学家纷纷强烈要求将诺贝尔物理学奖授予普朗克。1914年的诺贝尔物理学奖者、德国物理学家劳厄甚至声称，在普朗克未得到诺贝尔物理学奖之前，对量子物理学中任何其他工作都将无法给予奖励。面对一系列的事实和物理学家们的强烈要求，在1919年底，1918年未颁发的诺贝尔物理学奖被授予普朗克。普朗克愉快地接受了这项大家都认为他理应得到而却等待多时的荣誉。

7.5 量子理论奠基者——普朗克

马克斯·卡尔·恩斯特·路德维希·普朗克，出生于德国荷尔施泰因首府基尔，德国著名物理学家、量子力学的重要创始人之一。

浓厚的家庭文化氛围，影响了其终身。普朗克的祖父是哥廷根大学的神学教授，父亲是基尔大学、慕尼黑大学的教授，母亲出身于牧师家庭，

图7-8 普朗克

普朗克是七个孩子中的第四个孩子。良好的文化氛围使普朗克从小受到人文精神的熏陶，从小就表现出一定的音乐才能，在哲学、神学、美学等方面都打下了良好的基础，养成了良好的

道德观念和循规蹈矩的生活态度。童年时代形成的价值观对他之后的事业产生了极其深刻的影响。

选定科学，终身研究物理。普朗克具备相当的音乐天赋，但他经过思考，最终选择了科学。据说当时慕尼黑的物理学教授曾苦口婆心地劝说他不要学物理："这门科学中的一切都已经被研究了，只有一些不重要的空白需要被填补。"面对劝阻，普朗克的回答是："我并不期望发现新大陆，只希望理解已经存在的物理学基础，或许能将其加深。"普朗克没说谎，他从来不是野心勃勃之人。他是经典物理学的忠实拥护者，他一心想做的，就是守卫经典物理学这座宝塔，为它增砖添瓦。1874年，普朗克进入慕尼黑大学，主修数学，后来兴趣转向物理学。1877年，普朗克转入柏林大学，听取基尔霍夫和亥姆霍兹等人的讲课，自学了克劳修斯的《热的动力论》。1879年2月，他递交博士论文《关于热力学第二定律》，获得物理学博士学位。

普朗克专注于热力学研究，1887年写成《能量守恒原理》一书，追求自然界的和谐统一，相信自然界始终存在某种普遍规律。正是这种对和谐与统一的追求，普朗克为了解释普朗克公式，引入了能量子假设，用来解释经典物理学的困惑。

学术成就卓越。普朗克不仅研究了热力学，还研究过力学、光学和电磁学。由于成就显著，他获得了许多科学荣誉。除了因1900年提出的能量子假说而荣获1918年最为显赫的诺贝尔物理学奖之外，他从1894年起成为普鲁士科学院的院士，1912年起担任该院数学和自然科学部的终身秘书。1926年，普朗克被选为英国皇家学会的外籍会员，并获得该会的科普莱奖章，美国物理学会也曾聘请他为名誉会员。1928年，在普朗克

70大寿时，兴登堡总统赠给他一枚德国银鹰盾牌。1930年他被任命为柏林威廉皇帝学会会长，这是当时德国最高的学术职位之一。

广育英才。在柏林大学，普朗克的讲课范围遍及力学、流体力学、电动力学、光学、热力学和分子运动论，一般每六个学期轮流一遍。他讲课的内容都经过精心安排，清晰而有条理。印度物理学家玻色（以玻色子、玻色–爱因斯坦统计闻名）曾经表示，听了普朗克的讲课以后，他才知道物理学是那样一个理论体系，在该体系中，整个课题可以从统一的立脚点并根据最少的假设来加以展开。在40年的教育工作中，普朗克先后培养出了二十多名哲学博士，其中劳厄和玻特后来获得了诺贝尔物理学奖，另外一些成了很有成就的物理学家，石里克成了著名的哲学家。

（王秀云　高唐县时风中学）
（秦晓民　高唐县清平中学）

8

死而复生的
粒子说

——光量子假说

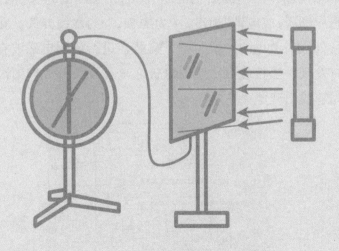

1905年，爱因斯坦根据普朗克的能量量子化假说，在研究辐射现象时，提出了光量子假说：假定光的能量不连续地分布于空间，由一个数目有限的局限于空间中的能量量子组成，它们在运动中将整个的被吸收或发射。根据这一假设可以很好地解释黑体辐射、光致发光、紫外线产生阴极射线以及光的发射与转换的各种现象。光量子假说的提出，标志着光的本性认识到了量子光学阶段，为揭示光的波粒二象性奠定了基础。

8.1 光电效应研究

在19世纪中后期，光作为一种电磁波得到普遍承认。1887年赫兹发现当紫外光照射电极时，两极之间会有电火花产生。这种金属在光的照射下发射电子的现象被称为光电效应。

8.1.1 赫兹发现光电效应

光电效应最早由赫兹在1887年发现，如图8-1所示，a，e是感应圈，感应圈由电池组b供电，感应圈a与放电针d相连，感应圈e与放电针f相连，P为隔板，c为水银开关。在论文《论紫外线对放电的影响》中，赫兹在进行证明电磁波存在的实验时发现，当接收电磁波的电极之一受到紫外光照射时，两极之间容易出现电火花。

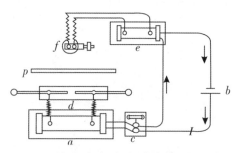

图8-1　赫兹研究光电效应实验电路图

8.1.2 霍尔瓦克斯的光电效应定性研究

1888年，赫兹年轻的助手威廉·霍尔瓦克斯在赫兹的研究基础上证实，电火花增强的原因是放电间隙内出现了电荷体，进一步实验发现，若用紫外线照射金属板，将从金属板向外产生带负电的粒子流。该实验装置如图8-2所示，简单、直观，成为证明光电效应的经典装置。

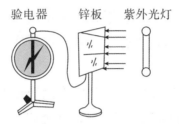

图8-2　霍尔瓦克斯观察光电效应装置

霍尔瓦克斯的工作使人们从"电火花"这个表象转移到了光使金属电性发生变化的过程探究，提出的电荷转移理论给后面的研究者开启了新的思路，最初的光电效应因此也称为"霍尔瓦克斯效应"。此时光电现象的研究只能定性于此，更深层次的研究还得有赖于人们对电的微观本质的发现。

8.1.3 电子的发现

1899年，J. J. 汤姆孙用了一个巧妙的方法来测光电流的荷质比。他用锌板作光阴极，阳极与之平行，相距约1厘米。紫外光照射在锌板上，从锌板发射出来的光电粒子经电场加速，向正极运动。整个装置处于磁场H之中，在磁场的作用下，光电粒子做圆弧运动。只要磁场足够强，总可以使这些粒子返回阴极，于是极间电流乃降至零。J. J. 汤姆孙根据电压、磁场和极间距离，计算得光电粒子的荷质比e/m与阴极射线的荷质比相近，都是1011 C/kg的数量级。这就肯定了光电流和阴极射线实质相同，都是高速运动的电子流。这才搞清楚，原来光电效应是由于光，特别是紫外光照射到金属表面使金属内部的自由电子获得更大的动能，因而产生从金属表面逃逸到空间的一种现象。

8.1.4 光电效应的实验规律

1899年至1902年之间，赫兹原来的助手菲利普·勒纳德利用各种频率的光照射钠汞合金，对光电效应进行了系统的实验研究。

勒纳德为了研究光电子从金属表面逸出时所具有的能量，在电极间施加反向电压，直到使光电流截止，从反向电压的截止值U_c（即遏止电压），可以推算电子逸出金属表面的最大速度。图8-3所示是勒纳德研究光电效应的实验装置。入射光照

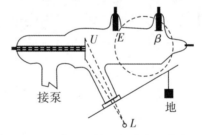

a. 勒纳德研究光电效应所使用的带有石英窗的阴极射线管

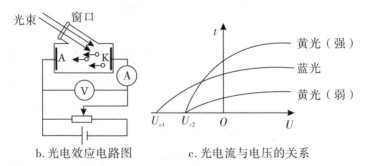

b. 光电效应电路图   c. 光电流与电压的关系

图8-3 勒纳德研究光电效应实验原理、装置、实验结果图

在铝阴极K上，反向电压加在阳极A与阴极K之间。阳极中间挖了一个小孔，让电子束穿过，打到集电极上。

实验发现：

（1）在光照不变的条件下，光电流的大小随着正向电压的增大而增大，当正向电压增加到一定值时，光电流不再变化，达到饱和。饱和电流大小与光强成正比。

经典电磁理论可以对上述现象进行解释：在光的照射下，金属内部的电子受到电磁波的作用做受迫振动。光的强度越大，电磁波振幅越大，对电子的作用越强，电子振动得越厉害，电子就越容易从物体内部发射出来。

（2）每种金属表面都存在一个截止频率v_0，频率小于v_0的入射光不管其强度有多大，都不能发生光电效应。

（3）出射光电子的动能只跟入射光的频率有关，与入射光的强度无关。

（4）只要入射光的频率大于截止频率v_0，则无论它多么微弱，都会立即引起光电子发射，不存在滞后时间。

按照光的电磁理论，却应该得出如下结论：

●不管光的频率如何，只要光足够强，电子就可以获得足够能量从而逸出表面，不应存在截止频率；

●光越强，光电子的初动能越大，所以截止电压U_c应该与光的强弱有关；

●如果光很弱，按照经典电磁理论估算，电子需要几分钟到十几分钟的时间才能获得逸出表面所需的能量，这个时间远大于实验中产生光电流的时间。

这些结论都与实验结果（2）（3）（4）相矛盾。光电效应中的一些重要现象无法用经典电磁理论来解释。

8.2 光量子假说的提出

普朗克在1900年提出能量子假设后，人们非常愿意使用普朗克黑体辐射公式，却不愿意接受能量子假设，甚至普朗克本人也还在量子论道路上徘徊。

1905年，爱因斯坦已经发现普朗克公式与实验相符合却与经典物理学理论不符，瑞利–金斯定律与现有理论相符却与实验事实相冲突。爱因斯坦用新的方法研究辐射问题，出发点是维恩分布定律在维恩区内成立，根据维恩区内的辐射与经典物质粒子的理想气体的类比，得出了光量子假说，并利用光量子假说成功解释了光电效应，该研究成果以《关于光的产生和转化的一个启发性观点》为题在1905年3月的德国《物理学纪事》上发表。

8.2.1 前言提出光量子假设

文章开篇指出根据麦克斯韦电磁理论，从一个点光源发射出来的光束的能量在一个不断增大的体积中连续分布。这种利用连续空间函数运算的光的波动理论，在描述与光的时间平均值有关的现象如衍射、反射、折射、色散等现象时与实验符合得相当好；在解释黑体辐射、光致发光、紫外线产生阴极射线等与光的产生和转化等瞬时值有关的现象时存在困难。因此爱因斯坦提出：

> 如果用光的能量在空间中不是连续分布的这种假说来解释，似乎更好理解。……从点光源发射出来的光束在传播中……是由个数有限、局限在空间各点的能量子组成的，这

些能量子能够运动，……只能整个的被吸收或产生出来。[①]

8.2.2 论证光量子表示式

在文章的第1至6小节，从对维恩分布定律有效范围内的辐射熵的研究中，爱因斯坦得到了光量子的能量表示式。

爱因斯坦从黑体辐射的维恩分布定律出发，经过计算后得到如下结论：

如果频率为v和能量为E的单色辐射被（反射壁）包围在体积V_0中，那么，在一个任意选取的瞬间，全部辐射能量集中在体积V_0的部分体积V中的概率为$W = \left(\dfrac{V}{V_0}\right)^{\frac{N}{R} \cdot \frac{E}{\beta v}}$。式中$N$为阿伏加德罗常数，$R$为气体普适常数。

理想气体在类似情况下的公式：

$W = \left(\dfrac{V}{V_0}\right)^{N}$，这里的$N$代表分子总数。

比较上面两个公式，爱因斯坦得出结论——光量子假说：

能量密度小的单色辐射（在维恩分布定律有效的范围内），从热学方面看来，就好像它是由一些互不相关的、大小为$\dfrac{R\beta v}{N}$的能量子所组成。[②]

在这篇论文中，爱因斯坦未使用常数h，所以他把光量子的能量写为$\dfrac{R\beta v}{N}$，而不写为hv。

---

① 爱因斯坦. 爱因斯坦文集第二卷：关于光的产生和转化的一个启发性观点 [M]. 赵中立，译. 北京：商务印书馆，1977：37-38.

② 爱因斯坦. 爱因斯坦文集第二卷：关于光的产生和转化的一个启发性观点 [M]. 赵中立，译. 北京：商务印书馆，1977：48.

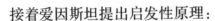

接着爱因斯坦提出启发性原理:

> 如果现在(密度足够小的)单色辐射,就其熵对体积的
> 依赖关系来说,好像辐射是由大小为 $\dfrac{R\beta v}{N}$ 的能量子所组成的
> 不连续媒介一样,那么,接着就会使人想去研究,是否光的
> 产生和转化定律也具有这样的性质,好像光是由这样一种能
> 量子所组成的一样。①

因此,对于光量子假说是关于自由电磁辐射的量子特性的
论断,启发性原理是把光的特性推广到光和物质的相互作用,
这是具有革命性的一步,真的是一个启发性的观点。

8.2.3 对光电效应的解释

在启发性原理的基础上,爱因斯坦在文章的第8小节对光
电效应进行了解释。

爱因斯坦描述的最简单图像是:能量子钻进物体的表面,
并且它的能量至少有一部分转化为电子的动能。一个物体内部
具有动能的电子到达物体表面时已经失去了一部分动能,每
个电子离开物体时还必须为它脱离物体做一定量的功 P(逸出
功,物体的特性)。

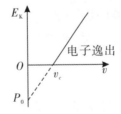

图8-4 光电效应的 E_k-v 图像

---

① 爱因斯坦. 爱因斯坦文集第二卷:关于光的产生和转化的一个启发性观点
[M]. 赵中立,译. 北京:商务印书馆,1977:48.

那些表面向上朝着垂直方向被激发的电子将以最大的法线速度离开物体，电子最大动能：

$E_{kmax} = \dfrac{R\beta v}{N} - P = hv - P$（现代形式），这一公式又被称为光电效应方程。

1. 从这个方程可以看出，只有当 $hv > P_0$，光电子才可以从金属中逸出，$V_c = \dfrac{P_0}{h}$ 就是光电效应的截止频率（如图8-4所示）。

2. 这个方程还表明，光电子的最大初动能 E_{kmax} 与入射光的频率 v 有关，而与光强无关。

3. 电子一次性吸收全部能量，不需要积累能量的时间，光电流自然是瞬时产生的。

4. 同种频率的光，光较强时单位时间内照射到金属表面的能量数较多，照射金属时产生的光电子较多，因而饱和电流较大。

光电效应方程给出了崭新的预言：第一，电子初动能随入射光频率 v 线性变化；第二，（E，v）曲线的斜率是一个普适常数，与辐照物质的性质无关；第三，预言的斜率值就是普朗克常数。

如果使物体充电到具有正电势 Π，并被零电势所包围，且 Π 正好达到足以阻止物体损失电荷，那么必定得到 $\Pi\varepsilon = R\beta v - P$，这里 ε 表示电子电荷。换成现代形式是 $eU_c = hv - P_0$，即 $U_c = \dfrac{h}{e}v - \dfrac{P_0}{h}$，从上述公式可以预测截止电压 U_c 与入射光频率 v 之间是线性关系，还可以利用上述关系式测量 h 的数值。

8.3 光量子理论的实验证明

爱因斯坦的光量子理论一提出来，由于跟电磁波动图像的深刻矛盾，立即遭到几乎所有物理学家的反对。光量子概念被接受主要是由于美国实验物理学家密立根和康普顿的工作。

8.3.1 密立根油滴实验

由爱因斯坦光电方程 $U_c=\dfrac{h}{e}v-\dfrac{P_0}{h}$ 可知，出射光子的最大能量是频率的线性函数，其斜率恰好等于普朗克常数。因此测量电子的最大能量和频率的依赖关系，既能验证爱因斯坦方程，又可以测定 h 值。

密立根利用复杂的装置，花了十年时间克服重重困难，直到1916年发表论文，叙述了他用可见光源、碱金属为靶所做的光电效应实验，总结出实验结果：如图8-5所示，爱因斯坦关于光电效应的方程得到了实验支撑，而且普朗克常数已经用光电效应实验在0.5%的精度内确定了，大小为 $h=6.57\times10^{-27}$。这一实验使爱因斯坦在1921年、密立根在1923年分别获得了诺贝尔物理学奖。

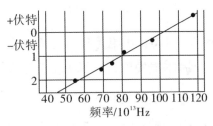

图8-5 实测电压与光频率的关系

8.3.2 康普顿电子散射实验

最终使物理学家确认光量子真实存在的是美国物理学家康普顿。1923年，康普顿用钼作为X射线源，用石墨作为散射靶体，通过铅板准直缝，用布拉格晶体的反射来测量散射波的波长，散射波的强度则用威尔孙云室作为探测器来测量，如图8-6所示。

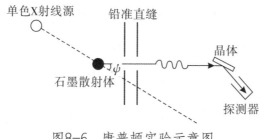

图8-6 康普顿实验示意图

实验发现：

（1）在散射实验中，既存在原来的入射波长 λ，也有向长波方向偏折的新波长 λ'；

（2）波长偏移 $\Delta\lambda = \lambda - \lambda'$，其值随着散射角的增大而增大；

（3）当散射角增大时，不发生偏移的谱线（λ）强度降低，而发生偏移的谱线（λ'）的强度增加。

康普顿经过多方探索，提出了如下解释：如图8-7所示，假设入射X射线是能量 $E=h\nu$ 的光子的团束，那么光子和散射体中的自由电子类似于发生了弹性小球之间的碰撞；入射光子的一部分能量传递给电子，所以"反冲光子"则具有较低的能量 E' 和较长的波长 λ'。

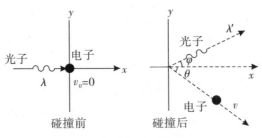

图8-7　康普顿实验原理图

　　康普顿利用爱因斯坦的动量表示式（能量为$h\nu$的量子携带大小为$h\nu/c$和具有一定方向的动量），对光子和电子的碰撞过程应用质能守恒定律和动量守恒定律，得出$\Delta\lambda = \lambda' - \lambda = \dfrac{h}{m_0 c}$（$1-\cos\varphi$）$= \dfrac{2h}{m_0 c}\sin^2\dfrac{\varphi}{2}$，式中$m_0$为电子的静止质量，$\dfrac{h}{m_0 c}$是由三个普适常数组合的康普顿波长，其值为0.0242埃，$\Delta\lambda = 0.048\sin^2\dfrac{\varphi}{2}$，此式表明康普顿波长的偏移$\Delta\lambda$只与散射角$\varphi$有关，而与原始入射波长无关。这是光子与原子外围的可视为自由电子的碰撞结果；但是对于内部电子，特别是重原子中的电子而言，电子被紧紧束缚于原子中，在碰撞时光子将核质量远大于电子的整个原子碰撞，光子并不把自己的动量和能量传递给原子，所以散射时波长不变，这就是在散射辐射中存在不移动谱线的原因。

　　康普顿效应成了光量子论的判决性实验，康普顿因这一工作而获得1927年诺贝尔物理学奖。

8.4 从光量子到光子

1908年末爱因斯坦研究了辐射腔中的能量涨落问题。他考察了体积为V的绝热腔中，温度为T的黑体辐射场中的一个ΔV的子区域由于辐射的进入和离开所引起的能量和熵的涨落。E表示在子区域中某一瞬间频率范围$[v, v+\Delta v]$中的能量值，能量的方差涨落表示式为$\overline{(\Delta E)^2}=hv\overline{E}+\frac{1}{Z}\overline{E}^2$，这表示小的频率范围内辐射能的涨落为两项之和。

爱因斯坦证明了在统计的特性下，黑体辐射既表现出波动性，又呈现出粒子性，公式中的第一项是由相干波引起的，第二项则是由子区域中光量子数目的变化引起的。这是"波粒二象性"概念第一次被提出。

爱因斯坦的光子与牛顿微粒说中的光粒子是不同的。爱因斯坦的光量子与光的频率相联系，说明光具有两重性：波动性和粒子性。光传播时能显示出光的波动性，产生干涉、衍射和偏振等现象；光和物体发生作用时能显示出光的粒子性，如光电效应、光致发光等现象。

爱因斯坦的光量子假说使得光的粒子性这一理论得以复活，使人们认可了光的波粒二象性，并且启发了德布罗意物质波的发现，使人们认清了微观世界的波粒二象性，奠定了量子力学的基础。

8.5 神奇的1905年

在物理学的发展史上，有两个神奇的年份。一个是1666年，当时的牛顿回到伍尔索普的乡下躲避瘟疫，在这一年他发明了微积分，对光谱进行了分析，还提出了万有引力定律。以牛顿力学为基础，经典物理学的大厦建立起来了。另一个神奇的年份是1905年，这一年爱因斯坦发表了5篇论文，掀起了一场影响百年的物理学革命。

图8-8　1905年在专利局工作的爱因斯坦

　　1905年3月至6月，爱因斯坦在4个月里接连实现了种种意想不到的突破：3月17日完成光量子假说的论文；4月30日完成博士论文《论分子大小的新测定法》，提交给苏黎世大学，7月被接受；5月11日，关于布朗运动的论文被收到；7月30日，第一篇关于狭义相对论的论文被收到；9月27日，第二篇关于狭义相对论的论文被收到，论文中提到著名的质能联系方程$E=mc^2$；12月19日，第二篇关于布朗运动的论文被收到。

　　在布朗运动理论中，爱因斯坦为原子结构学说提供了直接而又带有决定性的证据。悬浮在液体中的微观粒子由于热扰动而发生运动，这些运动可以通过显微镜用肉眼加以观察。爱因斯坦为这些粒子的位移导出的方程得到佩兰实验的验证。

在《论动体的电动力学》中，爱因斯坦分析了时间和空间概念，并由此证明了狭义相对论的正确性；他在狭义相对论的第二篇论文中提出了质量和能量相当性的假说，就是著名的质能联系方程，否定了早期的能量守恒和质量守恒原理。

《关于光的产生和转化的一个启发性观点》一文从讨论辐射问题出发，提出光量子假说，成功解释了光电效应，光的产生和转化最终变成了"量子问题"。

8.6 爱因斯坦获得成功的首因——努力工作

爱因斯坦作为一个天才式的人物，其成功有何奥秘？1929年，美国纽约时代杂志记者塞缪尔·约翰孙·伍尔夫在柏林访问爱因斯坦，问起他成功的秘诀，他回答A=X+Y+Z，A是成功，X是努力工作，Y是懂得休息，Z是少说废话。[①]我们将主要分析努力工作这一要素：努力工作的动力何在？如何努力工作？

对大自然的兴趣、坚定的哲学信念、崇尚自由不迷信权威的个性，构成了爱因斯坦努力工作的动力。

好奇心是爱因斯坦天才各个要素的首选，正如在他临终时所说："我并没什么特别的天赋，只是极为好奇罢了。"比如，爱因斯坦小时候经常纳闷罗盘针为何会指北。他能够从常见的事实中发现别人不曾注意的事实，比如引力与加速度之间存在着一种等效，可以用来对宇宙做出解释。

---

① 1929 August 18, New York Times, *Section* 5: *The New York Times Magazine*, Einstein's Own Corner of Space by S. J. Woolf, Start Page SM1, Quote Page SM2, Column 5, New York.（ProQuest）

坚定的哲学信念。相信世界在本质上是有秩序的和可认知的这一信念，是一切科学研究的基础。（1）爱因斯坦坚信"存在一个完全和谐结构"的信念，在科学中追求一种能够支配整个宇宙的统一理论，正如爱因斯坦在哥伦比亚大学的讲话所说："十分有力地吸引我的特殊目标，是物理学领域的逻辑的统一。……它（狭义相对论）还把电场和磁场融合成一个可以理解的统一体，对于质量和能量，以及动量和能量也都是如此。后来，力求理解惯性和引力的统一性而产生了广义相对论……"①（2）相信大自然的简单美。爱因斯坦认为简单性是美的一个要素。他在牛津说过："自然是可能设想的最简单的数学思想的实现。"这也呼应了牛顿的信条"自然喜欢简单性"。爱因斯坦的助手罗森说："他追求简单性和美，在他看来，美本质上首先是简单性。"这种简单性并不是学生在解决问题时遇到的困难最小，而是"……（科学体系）这个体系所包含的彼此独立的假设或公理最少；因为这些彼此独立的假设正是那些尚未理解的东西的残余"②。

在个性上爱因斯坦崇尚自由，不迷信权威。（1）爱因斯坦相信自由是创造性的源泉。"科学的发展以及精神的创造性活动都要求一种自由，这种自由在于独立于权威和社会偏见的限制"，这种自由是政府的基本职能和教育的使命。创造性要求我们不墨守成规，这就要求培养自由的思想和自由的精神，这反过来要求一种宽容精神。这种宽容精神就是谦卑，相信没

① 爱因斯坦.纪念爱因斯坦译文集：在哥伦比亚大学的讲话［M］.赵中立，徐良英，译.上海：上海科学技术出版社，1979：36.
② 爱因斯坦.纪念爱因斯坦译文集：在哥伦比亚大学的讲话［M］.赵中立，徐良英，译.上海：上海科学技术出版社，1979：35.

有人有权将思想和信念强加于他人。爱因斯坦的特别之处在于他的思想为这种谦卑所调节。对大自然美妙的作品感到敬畏。"宇宙定律中显示出一种精神——这种精神远远超越人的精神，在他面前，力量有限的我们必定会感到谦卑。"（2）爱因斯坦不服从权威。在给伽利略著作写的序言中，他写道："我在伽利略的著作中所认识的主题是，充满激情地反抗任何种类的基于权威的教条。"普朗克、庞加莱、洛伦兹都有机会实现爱因斯坦在1905年的突破，但是都受制于经典力学传统教条的束缚；只有爱因斯坦能够摒弃主宰科学数百年的传统思想，为现代物理学的建立奠定基础。

如何努力工作呢？我们将分析在科学研究中的思维形式，除了自然论科学研究常用的逻辑思维，爱因斯坦更加擅长形象思维和灵感思维。

爱因斯坦擅长形象思维，重视想象力的作用。爱因斯坦在《论科学》中说："想象力比知识更重要，因为知识是有限的，而想象力概括着世界上的一切，推动着进步，并且是知识进化的源泉。"想象力主要通过形象思维——心理图像和思想实验来表达，比如与狭义相对论有关的第一个理想实验："倘使一个人以光速跟着光波跑，那么他就处在一个不随时间而改变的波场之中。但看来不会有这种事情。"①

爱因斯坦重视直觉和灵感的作用。在20世纪30年代，爱因斯坦在与诺贝尔文学奖获得者、诗人圣·琼·佩斯的对话中说："研究科学的人也是如此，那时会眼前忽然一亮，如狂喜一般。尽管到了后来，理智会对直觉进行分析，实验会证实或

_____

① 爱因斯坦. 爱因斯坦文集：第一卷［M］. 许良英，范岱年，译. 北京：商务印书馆，1976：44.

证否直觉。但在一开始，想象力的确有很大的跃升。"比如能够设想与数学相联系的物理实在。爱因斯坦可以看出数学公式背后的物理内容。普朗克提出了量子概念，认为它主要是一种数学发明，但是爱因斯坦理解了它的物理实在性，提出了光量子理论。洛伦兹提出了描述运动物体的数学变换，爱因斯坦基于这些变换创造了相对论。

充满敬畏的叛逆者、富于想象、特立独行的爱因斯坦，通过刻苦的工作最终解开了原子和宇宙的奥秘，为现代物理学两大支柱：量子力学、相对论的创立做出了卓越的贡献。

（袁亭　茌平二中）

9

颠覆你的
时空观念

——爱因斯坦狭义相对论
假说

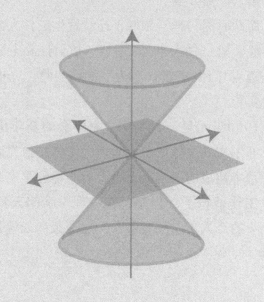

阿尔伯特·爱因斯坦在1905年发表题为《论动体的电动力学》一文，文章在"相对性原理"（物理规律在所有惯性系中都是等价的）和"光速不变原理"（光速在任何参考系中都相同）的基础之上推导出洛伦兹变换，建立起时间、空间相联系的思维时空观——狭义相对论。狭义相对论彻底推翻了统治物理学已二百多年的牛顿的绝对时空理论，成为物理学、自然科学和哲学史上最伟大的一次科学革命。

9.1　经典物理学大厦上空的两朵乌云

19世纪末20世纪初，经典物理学取得了辉煌的成就，建立了以经典力学、热力学、统计物理学和电磁学为支柱的经典物理学理论。经典物理学理论已经发展到相当完整、系统和成熟的程度，几乎一切自然现象都可以从相应的物理学理论中得到解释。经典物理学发展得如此完美，以至于1894年，美国实验物理学家迈克耳孙曾说："未来的物理学真理将不得不在小数点后第六位去寻找。"

而此时的物理学领域正连续发生三件大事，出现了三项重大实验。这三件大事是X射线、放射性和电子的发现，三项实验是迈克耳孙–莫雷"以太"漂移实验、光电效应实验和黑体辐射实验。

1900年元旦，在英国皇家学会的新年庆典上，著名物理学家开尔文勋爵做了有代表性的发言。他充满自信地说："在已经基本建成的科学大厦中，后辈物理学家只要做一些零碎的修补工作就行了。但是，在物理学晴朗天空的远处，还有两朵小小的令人不安的乌云。"这两朵乌云就是指用已有的物理学理论无法解释的两个十分重要的实验现象，一个是"以太"风，一个是紫外灾难。正是这两朵乌云，导致现代物理学两大支柱：狭义相对论、量子理论的建立，动摇了经典物理学的大厦。

9.2　狭义相对论的形成过程

"以太"风成为20世纪初的第二朵乌云，导致爱因斯坦1905年建立相对论。

9.2.1　"以太"是否相对地球发生运动？

1801年托马斯·杨完成了双缝干涉实验，表明光是波；此后他又进一步论证了光波是横波。麦克斯韦的电磁理论发展起来之后，又证明了光波的本质是电磁波。光既然是波，就需要载体。从遥远恒星发出的光，在星际空间传播，它的载体会是什么呢？科学家们想起了古希腊哲学家亚里士多德提出的"以太"。

宇宙天体间普遍存在的万有引力是靠什么传播的？这就是牛顿创立万有引力定律以后紧接着必须回答的问题。为了回答上述问题，牛顿想到了"以太"。最早提出"以太"概念的是亚里士多德，他认为有两个世界存在，一个是人类居住的下界，由水、火、土、气这4种元素组成；一个是神和上帝居住的上界，由水、火、土、气、"以太"这5种元素构成，其中"以太"是一种看不见摸不着、没有重量、静止不动但却均匀地分布于整个上界的一种特殊元素，是一种"使者"和媒质。为了解决万有引力的传播媒介问题，牛顿复活了亚里士多德的"以太"，认为"以太"也存在于人类生活的世界之中，它就是万有引力的传播媒介。后来，一些物理学家又发展了"以太"思想，认为"以太"不仅是万有引力的传播媒介，而且是光和电磁波的传播媒介。

1）光行差现象表明"以太"相对地球运动

19世纪的科学家们已经认识到地球不是宇宙的中心，太阳也不是宇宙的中心，恒星都是遥远的太阳。一个重要的问题是，地球相对于"以太"运动吗？由于地球和太阳都不是宇宙的中心，当然"以太"既不应该相对于地球静止，也不应该相对于太阳静止。因此地球相对于"以太"应该运动。

所谓"光行差"现象，是天文学家早就注意到的一种现象：观测同一星体的望远镜的倾角，要随季节做规律性变化。天文学上的光行差现象（图9-1）表明，地球确实相对于"以太"运动。

此现象很容易理解，比如，不刮风的下雨天，人应该竖直打伞；如果刮风，人应该迎着风向斜着打伞。如果有人想接雨水，无风时他应该把桶竖直放置，刮风时应把桶迎着风向倾斜放置。星光脱离光源（星体）后，在"以太"中运动的光波就像空气中的雨滴一样。如果地球相对于"以太"整体静止，望远镜只需一直对着指向星体的方向看就可以了。然而地球在绕日公转时，也一定在"以太"中穿行，这时"以太"风

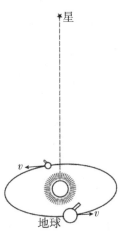

图9-1　光行差现象

相对于地球的运动（即所谓"以太"漂移），就像普通风相对雨伞或水桶的运动一样，望远镜必须随着地球运动方向的改变

而改变倾角，才能保证观测星体的光总能落入望远镜筒内。

"光行差"现象早在1728年就已发现，1810年又被进一步确认，此现象似乎表明地球在"以太"中穿行。

2）迈克耳孙–莫雷"以太"漂移实验——世纪之交的乌云

"光行差"现象证明了"以太"的存在，由于地球以约30千米/秒的速度绕太阳运动，且地球还绕地心自转（地面的线速度达4万千米/日），地球表面必然存在"以太"风。如果"以太"真的存在，我们就可以设计一个科学实验，把它测出来。

1867年，麦克斯韦率先提出，对沿地球运动方向和垂直于该方向的光速加以比较，可以测出地球相对于"以太"的运动。它的原理是：如果地球对于静止的"以太"运动着，那么沿地球运动方向发出一个光信号，到一定距离又反射回来，它在整个路程上往返所花的时间，要稍微大于同样的信号沿垂直于地球运动方向在相等的距离上往返所需要的时间。

该实验装置的结构如图：

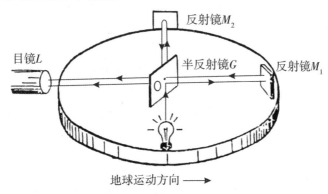

图9-2 检验"以太"存在性的实验装置

假设实验装置中圆筒状空间的内半径是R，光的速度是c，地球的运动速度是v，那么，由于从光源到中心点O以及从中心点O到目镜之间的距离相同，只要比较光从中心点O分别到反射镜M_1与反射镜M_2所用的时间就可以了。若光依靠静止的"以太"传播，则光在上述两个路径上传播需要的时间分别为$R/（c-v）+R/（c+v）$和$2Rc$，两者之差为$2Rv^2/（c^3-cv^2）$。

迈克耳孙和莫雷根据麦克斯韦的思想设计了更为精密的实验，实验精度高达四十亿分之一。他们昼夜不停地观测了5天，但始终没有看到预期的结果，即没有找到地球相对于"以太"运动的任何迹象。这便是历史上著名的迈克耳孙-莫雷"以太"漂移实验。由于这个实验精度极高，且在实验原理上无懈可击，故可以得出结论：地球相对"以太"的运动并不存在。

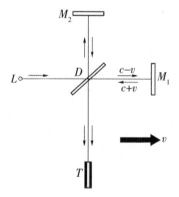

图9-3　迈克耳孙-莫雷"以太"
漂移实验示意图

"光行差"现象表明，"以太"相对于地球有运动，更为精确的迈克耳孙-莫雷"以太"漂移实验却表明，"以太"相对于地球没有运动，这是怎么回事呢？这就是开尔文勋爵在

1900年所说的物理学中的第二朵乌云。

3）洛伦兹的探索——动尺收缩假设

当时最杰出的电磁学专家洛伦兹对这一矛盾进行了仔细研究。他不怀疑绝对空间和"以太"的存在，认为地球相对于"以太"有运动。他大胆推测，精确的迈克耳孙–莫雷"以太"漂移实验之所以测不出这一运动，可能是存在着一种人们尚未注意到的物理效应：一根在绝对空间中运动的尺，会沿运动方向有一定收缩，其收缩的程度如下式所示：

$$l = l_0 \sqrt{1 - \frac{v^2}{c^2}}$$

式中 l_0 为尺在绝对空间中静止时的长度，l 为运动时的长度，v 为尺相对于绝对空间的运动速度，c 为真空中的光速。洛伦兹指出，这一效应会使迈克耳孙干涉仪沿地球运动方向放置的臂产生收缩，而与运动方向垂直的臂长度保持不变。此效应造成的光程差，恰好抵消了"以太"运动导致的光程变化。他提出的这一动尺收缩效应被称为洛伦兹收缩，可以很好地解释迈克耳孙–莫雷"以太"漂移实验为何测不出"以太"相对于地球的运动。

按照洛伦兹的这一思路，相对于绝对空间和"以太"静止的参考系，将是优越参考系。这将意味着相对性原理不再成立。洛伦兹坚信存在绝对空间和"以太"，坚信存在优越参考系，主张放弃相对性原理。

法国著名科学家庞加莱对洛伦兹用长度收缩假说解释"以太"漂移的零结果表示不同看法。他提出了相对性原理的概念，认为物理学的基本规律不应该随坐标系变化。他的批评促使洛伦兹提出时空变换的方程式。1904年庞加莱正式表述了相对性原理。他在一次演说中讲道："根据这个原理，无论对于固定的观察者还是对于正在做匀速运动的观察者，物理定律应该是相同的。因此没有任何实验方法可以用来识别我们自身是否处于匀速运动之中。"

4）洛伦兹变换提出

在与庞加莱讨论后，洛伦兹对自己的理论做了些改进。他重新思考了两个惯性系之间的相对运动。设 S′系的 x′轴与 S 系的 x 轴重合，S′系以匀速 v 沿 x 轴正向相对于 S 系运动。在运动过程中，y′轴保持与 y 轴平行，z′轴保持与 z 轴平行。通常认为，S′系与 S 系的坐标满足伽利略变换关系：

$$\begin{cases} x'=x-vt \\ y'=y \\ z'=z \\ t'=t \end{cases}$$

洛伦兹注意到从伽利略变换推不出动尺收缩效应，而且麦克斯韦电磁理论公式在伽利略变换下也不能保持不变。于是他提出一个新的坐标变换：

$$\begin{cases} x'=\dfrac{x-vt}{\sqrt{1-\dfrac{v^2}{c^2}}} \\ y'=y \\ z'=z \\ t'=\dfrac{t-\dfrac{v}{c^2}x}{\sqrt{1-\dfrac{v^2}{c^2}}} \end{cases}$$

这一变换被庞加莱称为洛伦兹变换。伽利略变换中的 S′系与S系是任意两个惯性系，地位完全平等，与绝对空间无关。洛伦兹变换中的S系是相对于绝对空间和"以太"静止的优越参考系，S′系则是相对于它做匀速直线运动的惯性系。速度v不仅是S′系相对于S系的相对速度，而且是S′系相对于绝对空间和"以太"的绝对速度。

洛伦兹变换的优点是可以从它推出洛伦兹收缩公式，而且可以保证麦克斯韦电磁方程组在此变换下形式不变，从而在形式上符合了相对性原理。然而，洛伦兹认为，洛伦兹变换中的时间坐标$t′$不是真实可测量的时间，而是所谓"地方时"，没有测量意义。所以，虽然麦克斯韦方程在S′系中的形式与在S系中相同，仍不能表示相对性原理成立。相对于绝对空间静止的S系仍是优越参考系，麦克斯韦电磁理论仍然在S系中最简单。洛伦兹没有跳出绝对空间和"以太"的陷阱。

5）庞加莱的探索——约定光速

庞加莱在1898年发表的短文《时间的测量》和1902年发表的《科学与假设》一书中，对时间与空间的问题做了不少探讨，庞加莱的这些论述为爱因斯坦建立狭义相对论做好了准备。

（1）否认绝对空间的存在，力图论证相对性原理成立，但庞加莱仍然认为存在"以太"。而承认"以太"，本质上就是承认存在对电磁理论优越的参考系——相对于"以太"静止的参考系。

（2）讨论了光速和时间测量的问题。庞加莱认为，放置在不同地点的钟时间是否相同是不能靠直觉来感知的，必须有一个依赖于观测的定义方法。庞加莱分析说，要把放置在A点的钟与放置在B点的钟校准，需要事先知道信号从A点传播到B

点的速度。而要知道信号传播的速度，又需要事先把两地的钟对准，这似乎是一个解不开的循环。要想解开这个循环，首先要找到一种传播速度既快又稳定的信号，然后对这种信号的传播性质作一些简单的约定（或者说规定）。

（3）光信号可能是最佳的选择。庞加莱认为光速是当时知道的最快的运动速度，而且实验表明，真空中的光速似乎处处均匀、各向同性。他还天才地推测，光速有可能是物质运动和信号传播的极限速度。

（4）建议约定（即规定）真空中的光速各向同性，并指出依靠这一约定，就可以校准静置于空间各地的钟，使它们同时和同步，从而在全空间定义统一的时间。

庞加莱、洛伦兹已经走到了狭义相对论的边缘，却没有能够创立出狭义相对论。历史的重任只能由没有传统思想包袱而具有独立批判精神的年轻学者爱因斯坦来承担。

9.2.2　爱因斯坦创建狭义相对论的过程

爱因斯坦是德国人，有犹太血统，1900年毕业于瑞士苏黎世工业大学，1901年入瑞士国籍，大学毕业两年后才在伯尔尼瑞士专利局找到技术员的工作。他在专利局工作期间，于1905年头几个月一连发表了四篇重要论文，分别在辐射理论、分子运动论和力学与电动力学的基础理论等三个不同的领域提出了新的见解。

1）爱因斯坦的突破——光速不变原理

爱因斯坦没有特别关注迈克耳孙–莫雷"以太"漂移实验，他主要注意的是斐索实验与"光行差"现象的矛盾，但是斐索实验与迈克耳孙–莫雷"以太"漂移实验导致了同一个矛盾。斐索实验研究流动的水对光速的影响，也就是研究流动的水是否带动"以太"。实验结果是流水似乎部分带动了"以太",但又没有完全带动。这一实验结果也与"光行差"现象矛盾。"光行差"现象表明作为介质的地球完全没有带动"以太",地球是在"以太"中穿行的;而斐索实验则表明作为介质的流水似乎部分地带动了"以太"。那么,运动的介质到底会不会带动"以太",这一矛盾就凸显出来了。

爱因斯坦深受马赫的影响,坚持认为相对性原理是一条基本原理,不存在绝对空间。由于马赫在否定绝对空间的同时,也否认"以太"的存在,对于爱因斯坦来说,放弃"以太"观念也并不困难。

爱因斯坦认为,电磁理论得到大量实验的支持,应该坚持。在麦克斯韦电磁理论中,作为电磁波的光波,在真空中的传播速度是一个常数。如果既相信电磁理论又相信相对性原理,一个自然的想法是,真空中的光速在任何一个惯性系中都应该是同一个值c。

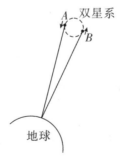

图9-4 对双星轨道的观测

天文学上对双星(由两个恒星构成的星系)的观测也支持光速与光源运动速度无关的看法。如果光速与光源运动速度有关,那么双星中向着我们运动的恒星与背离我们运动的恒星发出的光的速度将不同,这将导致我们看到双星轨道发生畸变,不再是椭圆，但我们看到的所有双星的轨道均未发生畸变。这表明双星发出的光与它们（光源）的运动速度无关。

爱因斯坦不仅知道这一结果，而且知道这一结果支持"光速与光源运动无关"的结论。爱因斯坦在做了上述思考后，大胆地提出了"光速不变原理"：光速与"光源相对于观测者的运动"无关。

2）解决难题——"同时"是相对的

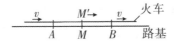

图9-5　光速的绝对性导致同时的相对性

然而，这又产生了一个使爱因斯坦感到困惑的问题。设想在一列行进的火车的中部产生了一个光信号，在车上的人看来信号同时到达了车头和车尾。对于车下的观测者而言，考虑到光速没有变，相对于地面依然是同一个值c，由于火车在前进，他似乎应该看到光信号先到达火车的尾部，再到达火车的头部，光信号没有"同时"到达火车的两端。这是怎么回事呢？

这个问题困扰了爱因斯坦一年多。直到有一天下午，他带着这个问题去与好友贝索探讨。经过几个小时的讨论后，爱因斯坦豁然开朗，他突然明白了："同时"不是一个绝对的概念，对于运动状态不同的观测者（或者参考系），两件事情是否同时发生，结论是相对的。对于运动火车上"同时"发生的两件事，静止于地面的观测者将会觉得没有同时发生。光速的绝对性（即光速不变原理）必定导致"同时"的相对性。在车上的人看来，车头、车尾同时发生的两件事，对车下的人来说，只要车在运动，这两件事就不会是同时发生的。一个月后，爱因斯坦发表了关于相对论的开创性论文。他在论文的最后感谢贝索与他进行了富有启发性的讨论。

3）建立狭义相对论

1905年6月，爱因斯坦写好了历史性文献《论动体的电动力学》，同年9月发表在著名的德文杂志《物理学年鉴》上。文献以两条公设为基础，推导出洛伦兹公式，建立狭义相对论。

（1）两个公设

■相对性原理：物理定律在一切惯性参考系中都具有相同的数学表达形式，也就是说所有惯性系对描述物理现象都是等价的。

■光速不变原理：在彼此相对做匀速直线运动的任一惯性参考系中，所测得的光在真空中的传播速度都是相等的。

（2）洛伦兹变换

爱因斯坦从上述两个原理出发，用数学方法严格推出洛伦兹变换。爱因斯坦认为根本没有绝对空间，也没有"以太"，因而并不存在优越参考系。洛伦兹变换中的 S 系和 S′系是两个以速度v做相对运动的任意惯性系，是完全平等的。

$$x' = \frac{x - vt}{\sqrt{1 - \dfrac{v^2}{c^2}}}$$

$$y' = y$$

$$z' = z$$

$$t' = \frac{t - \dfrac{v}{c^2}x}{\sqrt{1 - \dfrac{v^2}{c^2}}}$$

（3）重要推论：从洛伦兹变换出发得到一系列重要的推论。

■同时的相对性：即两个事件发生的先后或是否同时，在不同参考系观察的结果是不同的，但因果律仍然成立。

■运动的尺变短：又称尺缩效应。同一物体，若在静止的惯性参考系中测得其长度为L_0，则在以速度v沿物体长度方向运动的惯性参考系中测量时，长度为$L=\dfrac{L_0}{\sqrt{1-\dfrac{v^2}{c^2}}}$。

■运动的钟变慢：又称钟慢效应。对于某两个事件的时间间隔，若在静止的惯性系中测得为Δt，则在运动的惯性系中测量结果应为$\Delta t'=\dfrac{\Delta t}{\sqrt{1-\dfrac{v^2}{c^2}}}$，其中$c$为光速，$v$为运动参考系相对于静止参考系的速度。

■物体的质量随着物体运动速度的增大而增大。如果物体的静止质量为m_0，则当物体以速度v运动时，其质量为$m=\dfrac{m_0}{\sqrt{1-\dfrac{v^2}{c^2}}}$。

■质能关系式：质能关系即物体的质量m与其能量E之间的关系，$E=mc^2$。根据质能关系，当质量发生Δm的变化时，必然要伴随$E=\Delta mc^2$的能量变化。

■经典力学只是相对论的一个特例。相对论力学具有更普遍的意义。当物体运动的速度远远小于光速时，相对论力学等价于牛顿力学，此时洛伦兹变换可近似为伽利略变换。

■四维空间的时空间隔不变性。设事件P_1、P_2在某一惯性系的时空坐标分别为（x_1，y_1，z_1，ct_1）和（x_2，y_2，z_2，ct_2）。两个事件的时空间隔为 $\Delta s^2 = c^2 (t_1-t_2)^2 - (x_1-x_2)^2 - (y_1-y_2)^2 - (z_1-z_2)^2$，是与参照系无关的不变量。

由于爱因斯坦理论的核心公式与洛伦兹理论相同，都是洛伦兹变换，为了区分爱因斯坦的理论和洛伦兹的理论，洛伦兹建议把爱因斯坦的理论称作相对论。爱因斯坦觉得这个名字还可以，于是"相对论"这一名称就使用下来了。

9.3 电子质量随速度变化——狭义相对论的实验检验

狭义相对论有一个重要结果，就是预言电子质量会随运动速度增长。从经典电磁理论出发也可以得到类似的结论，因为运动电荷会产生磁场，电磁场的能量增大，相当于质量也增大。经典电磁理论家阿伯拉罕假设电子是一个有确定半径的刚性带电小球，它在运动中产生的磁场引起电磁质量，由此推出了电子的质量公式。

1901年，实验物理学家考夫曼用 β 射线的高速电子流进行实验，证实电子的质量确实是随速度变化的。洛伦兹在1904年根据收缩假说也推出了电子质量公式。后来证明洛伦兹公式与狭义相对论的结果一致。1906年，考夫曼宣布他的量度结果证实了阿伯拉罕的理论公式，而"与洛伦兹-爱因斯坦的基本假定不相容"。这件事一度成了否定相对论的重要依据。在这一事实面前，洛伦兹失望了，他表示，"不幸我的电子变形假说与考夫曼的新结果矛盾，我只好放弃它了"。然而，爱因斯坦却持另一种态度，他在1907年写文章表示，相信狭义相对论是经得起考验的，在他看来那些理论在很大的程度上是由于偶然碰巧与实验结果相符。果然，一年后布雪勒用改进了的方法测电子质量，得到的结果与洛伦兹-爱因斯坦公式符合甚好。我国宋代记载有一次超新星爆发现象，经研究确定，1731年英国人发现的蟹状星云就是宋代超新星的遗迹。当时《宋会要》有"白昼看起来赛过金星，历时23天"的叙述。根据爆发时喷射物的速率估算，地球观测者看到的超新星发光时间有两种结果：由经典速度合成公式算出为25天，但由狭义相对论算出的时间与记载的历时23天相符合。后来的许多实验都证明，狭义相对论的结果是正确的。可是，观念的改变不是一朝一夕之事。1911年索尔威会议召开，由于爱因斯坦在固体比热的研究上有一定影响，人们才注意到他在狭义相对论方面的工作。直到1919年，爱因斯坦的广义相对论得到了日全食观测的证实，爱因斯坦成为公众瞩目的人物，狭义相对论才开始受到应有的重视。

9.4　狭义相对论的全新的思维方式

狭义相对论在科学史和思想史上的意义都是非常重大的。

首先，它深刻揭示了物质及其运动与时间、空间之间的内在统一性，从根本上否定了牛顿的绝对时空观，宣布了传统绝对主义思维方式的终结，确立了绝对与相对相统一的相对思维观，实现了科学思维方式上的一场革命。

其次，它深刻揭示了科学研究中主体与客体之间内在的和必然的相互作用，从根本上否定了纯粹客观性的科学观，宣布了单纯客观主义思维方式的终结，建立了主客观相统一的辩证思维观，实现了科学思维方式上的一场革命。

9.5 爱因斯坦的中国情缘

早在1919年，爱因斯坦的相对论就已经传播到中国，1920年英国哲学家罗素来华讲学，他关于相对论的演讲更是给中国学术界留下了深刻的印象。

爱因斯坦于1922年赴日本讲学，他在往返途中两次经过上海：11月13日，12月31日至次年1月2日。爱因斯坦在往日本途中，于11月10日抵新加坡，12日到香港，13日上午11时至上海。他和夫人爱尔莎一路上极为赞赏中国南海上湛蓝的天空，陶醉于上海美景、美食和烟草，也在上海获得了1921年度诺贝尔物理学奖的正式通知。同时，他在上海体察到中国当时国际地位的低微，对受苦受难的劳动人民深表同情。他还相信"中国青年将来对于科学定有伟大贡献"。爱因斯坦对中国一直怀有深厚的感情和同情。

图9-6　1922年11月13日晚爱因斯坦等人在上海梓园合影

（崔磊　聊城一中）

10

青年博士
的独创

——德布罗意假说

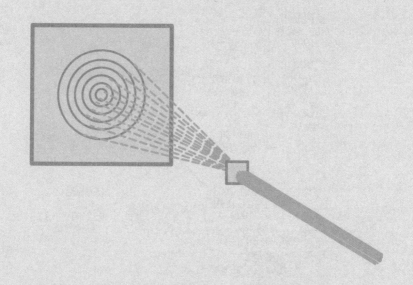

1924年，法国物理学家L.德布罗意在巴黎大学宣读博士论文《量子论的研究》时，首次提到与运动粒子相缔结的波，认为实物粒子具有波动性，现在称为物质波。L.德布罗意因"发现电子的波动性"而获得1929年诺贝尔物理学奖，为波动力学的建立奠定了基础。

10.1 德布罗意波动概念来源

1983年张瑞琨、吴以义在《自然杂志》上发表的《德布罗意波动概念的提出——纪念德布罗意的〈波和量子〉发表六十周年》一文，给出了德布罗意波动概念的发展脉络，如图10-1所示，我们可以了解德布罗意波动概念的五个来源，分别是M.德布罗意X光的二象性、康普顿辐射-原子相互作用、布里渊原子结构、L.德布罗意黑体辐射、哈密顿几何光学与物理光学之间的形式类比。

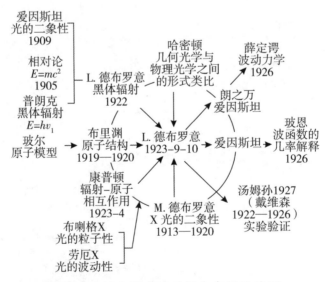

图10-1 德布罗意波动概念发展脉络图

10.1.1 M.德布罗意X光的二象性

自从1895年德国维尔茨堡大学校长兼物理研究所所长伦琴教授发现X射线以后，人们对X射线及其起源的认识并没有太大的进展。根据麦克斯韦电磁理论，人们把X射线解释为由于电子受到突然撞击而发出的电磁脉冲，由此推算出波长约为原子半径的十分之一。那么X射线会产生干涉现象吗？伦琴等人没有得到确切的实验结果，所以截至1912年人们都相信X射线是一种粒子辐射，直到1912年M.劳厄发现X射线晶体衍射。

1）M.劳厄发现X射线晶体衍射

1909年，M.劳厄到慕尼黑大学任教，伦琴和索末菲也在慕尼黑大学分别领导物理实验和理论物理研究工作。索末菲邀请M.劳厄为《数学百科全书》写了《光波》一文，这段时间M.劳厄在研究光波通过寻常光栅和交叉光栅的衍射理论。M.劳厄在1912年提出：如果X射线是波长极短的电磁波，它通过自然晶体时是否会产生干涉现象呢？M.劳厄假定晶体内部的原子是规则排列的，那么可以估算出相邻原子之间的距离为十万分之几毫米，应该能使X射线通过产生干涉现象。

在伦琴实验室工作的W.弗里德里希和P.克尼平根据这一思想设计实验，原理图如图10-2，他们让X射线通过亚硫酸铜晶体，在照相底片上发现了由于X射线直接打在底片上产生的黑点周围分布许多不规则的黑点。在进一步的实验中，当晶轴与X射线同向时，在底片上产生了规则排列的黑点，其排列形状与晶体光栅的几何性质有关。这一结果一方面证明了X射线的波动性，另一方面说明晶体具有空间点阵结构。M.劳厄因此获得1914年诺贝尔物理学奖。

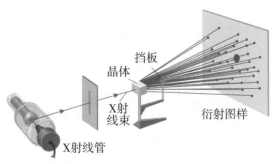

图10-2　X射线衍射实验原理图

2）W. H. 布拉格的X粒子说

W. H. 布拉格在1912年之前主要从事放射线现象研究，认识到α射线、β射线、γ射线的粒子性，后来创立X射线的粒子性理论。通过实验，他发现X射线穿透性很强。1912年，W. H. 布拉格明确提出"不在于（微粒和波动）哪一种理论对，而是要找到一种理论，能够将两方面包容并蓄"。

3）莫里斯·德布罗意X光的波粒二象性

路易斯·塞萨尔·维克多·莫里斯，第六代德布罗意公爵，是本章主人公理论物理学家L. 德布罗意的兄弟，法国著名的X射线物理学家，热衷于科学事业，并且建立了一个装备精良的私人实验室。

M. 德布罗意了解布拉格的观点，在同L. 德布罗意交谈中，提到X光应当是波和粒子的一种组合或结合，但是这些见解限制在实验物理学领域，并没有进行实质性的探索。

M. 德布罗意作为工作人员参加了1911年、1913年、1921年在布鲁塞尔举行的三届索尔维国际物理学会议，他带回了会议的全部文件，L. 德布罗意对此进行了研读，对当时的理论物理学的最新成果有深入的了解，普朗克、爱因斯坦、玻尔的量

子理论引起了他的特别关注，对他形成波粒二象性的概念起了
极大的作用。

10.1.2　康普顿辐射——原子相互作用

1923年，美国物理学家康普顿在研究X射线通过实物物质
发生散射的实验（如图10-3）时，发现了一个新的现象，即散
射光中除了有原波长 λ_0 的X光外，还产生了波长 $\lambda > \lambda_0$ 的X光，
其波长的增量随散射角的不同而变化。这种现象称为康普顿
效应。

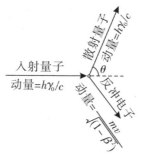

图10-3　康普顿理论用图

用经典电磁理论来解释康普顿效应时遇到了困难，康普顿
借助于爱因斯坦的光子理论，从光子与电子碰撞的角度对此实
验现象进行了圆满的解释[①]：

　　从量子论的观点，可以假设任一特殊的X射线量子不是被
辐射器中所有电子散射，而是把它的全部能量耗于某个特殊
的电子，这电子转过来又将射线向某一特殊的方向散射，这
个方向与入射束成某个角度。辐射量子路径的弯折引起动量
变化的反冲。散射射线的能量等于入射射线的能量减去散射
电子反冲的动能。由于散射射线应是一完整的量子，其频率

---

① 郭奕玲. 康普顿效应［J］. 大学物理，1986（3）：29-33.

也将和能量同比例减小。因此，根据量子理论，我们可以期待散射射线的波长比入射射线大，而散射辐射的强度在原始X射线的前进方向要比反方向大。

根据能量守恒和动量守恒，考虑到相对论效应，得散射波长：

$$\lambda_\theta = \lambda_0 + \left(\frac{2h}{mc}\right)\sin x^2\left(\frac{1}{2}\theta\right)$$

$$即\ \Delta\lambda = \lambda_\theta - \lambda_0 = \left(\frac{2h}{mc}\right)\sin x^2\left(\frac{1}{2}\theta\right)$$

其中 $\Delta\lambda$ 为入射波长 λ_0 与散射波长 λ_θ 之差，h 为普朗克常数，c 为光速，m 为电子静止质量，θ 为散射角。

康普顿实验为光的波粒二象性提供了更完整的证据，为德布罗意物质波概念的提出提供了启示。

10.1.3　布里渊原子结构

1919—1920年，法国物理学家路易·马赛尔·布里渊从经典物理学出发解释玻尔的定态轨道原子模型。

布里渊认为玻尔模型中定态的存在已经为弗兰克·赫兹实验所确认，只需找出一个物理学可以接受的解释。在定态中，一系列整数数字的引进最引人注目，应该从这里入手。从经典物理学出发，整数只出现在与静驻波动有关的问题中，因此可以把定态解释为一种与干涉有关的驻波。

他认为，原子内部充满了某种"以太"，电子在其中绕核旋转，会在"以太"层中激发出一种波，当电子的速度大于波速时，这些波因干涉而形成绕原子核的驻波，以此来解释玻尔的定态轨道原子模型。

布里渊是近代第一个把波和粒子联系起来的人，他把上述工作成果寄给了L. 德布罗意，对L. 德布罗意有所影响，后来德布罗意用"物质波"来引入氢原子的量子化条件，思路与此很相似。

10.1.4 L·德布罗意研究黑体辐射

L. 德布罗意1922年1月发表了题为《黑体辐射和光量子》的论文，他沿着爱因斯坦的方向，把光看成粒子，试图用统计力学推导出黑体辐射公式，结果只得到了维恩分布定律。L. 德布罗意的论文把光子当作微粒，即具有质量 $\frac{hv}{c^2}$ 和动量 $\frac{hv}{c}$ 的光子来处理。如果假设一种由单原子、双原子、三原子……组成的光的混合气体，可以得到普朗克的黑体辐射公式。这次思考使他感到更有必要把粒子性和周期性联系起来，这也成为他后来工作的出发点："我开始有了那种想法，不过它尚未诞生，我可能不敢讲出来，但我心中已经开始孕育它。"。

10.1.5 哈密顿几何光学与物理光学之间的形式对比

L. 德布罗意在开始理论物理的研究时，也面临着上述困难。他首先分析了光学发展历史，注意到光学历史上微粒说和波动说的论争，光的干涉、衍射要用波动学说解释，光电效应、康普顿效应则要用光量子理论来解释。这说明光具有波粒二象性。

他还注意到哈密顿曾经描述过的几何光学和经典力学的相似性：理论力学的3个基本量，动量 p、拉格朗日量 L、哈密顿量 H 和傅立叶光学中的3个基本量，波矢 k、相函数 φ、频率 ω 相似。粒子运动的最小作用原理 $\delta \int p \, dl = 0$ 和光传播的费马原理 $\delta \int k \, dl = 0$ 相似。

通过分析、研究、类比，L. 德布罗意把上述各种困难分成两个问题，一个问题是光量子理论中光微粒的能量包含频率因素，而纯粒子理论则不包含任何定义频率的因素，因此对于光来说，需要引进粒子的概念和周期的概念。另一个问题是，确定原子中电子的稳定运动涉及整数，而直到那时物理学中涉及整数的还只是干涉和本征振动现象。因此不能用简单的微粒来描述电子本身，而应当赋予它们周期的概念。

L. 德布罗意进而提出："看来光的本性具有奇怪的两重性。如果说在整整几个世纪的长时间内，在谈论关于光的理论时，人们过分倾向使用波的概念而忽略了微粒概念，那么在谈论关于物质的理论时，人们是否又犯了相反的错误呢？物理学家是否有权只考虑微粒概念而忽视了波的概念呢？"为此，他认为，对于物质和辐射，尤其是光，需要同时引入微粒概念和波动概念。所有情况下，都必须假设微粒伴随波而存在。微粒和波之所以不能分开，是因为按照玻尔的说法，它们构成两个相互补充的现实力量。L. 德布罗意相信微粒的运动和波的传播之间一定可以建立某种对应。因此，L. 德布罗意把建立这种对应关系作为他首先要达到的目的。

10.2 德布罗意波动假设提出

1923年夏天，L. 德布罗意已经形成这样的一种想法：把波粒二象性加以推广使物质粒子（特别是电子）包括在内。在这种思想的指导下，1923年9月至10月，L. 德布罗意在《法国科学院通报》上连续发表了三篇短文：《辐射——波和量子》《光学——光量子、衍射和干涉》《物理学——量子、气体运动论以及费马原理》，提出了德布罗意波的主要思想。1924年11月，在向巴黎大学提交的博士论文《量子理论研究》中，他总结了前面几篇论文，做了完善的论证，提出在量子领域所有实物粒子都具有波动性的假设，这种量子波被称为相波。这篇文章1925年发表在法国《物理杂志》第一期上，薛定谔将它命名为物质波。

10.2.1 虚设波解释玻尔定态轨道

在1923年9月10日的第一篇短文《辐射——波和量子》中，L. 德布罗意考虑了一个静止质量为m_0、速度为$v=c\beta$的粒子的运动，他认为该粒子应该存在一个内在周期性现象。在随粒子一起运动的参考系中，粒子的内在频率$v_0=\dfrac{m_0c^2}{h}$。但在静止的观察者看来，粒子应有两种不同的周期频率：一方面，因为粒子的能量为$\dfrac{m_0c^2}{\sqrt{1-\beta^2}}$，则频率$v=\dfrac{v_0}{\sqrt{1-\beta^2}}$；另一方面，根据相对论效应，观察者所观察到的频率却是$v_1=v\sqrt{1-\beta^2}$。显然频率v和v_1存在着差异。为了摆脱这个困境，他将内在周期性现象的频率定义为v_1，另外引入一个"与运动粒子相缔合的虚设波"，并且规定这个虚设波以相速度c/β和频率v传播。由此他证明了：只要粒子的内在周期性现象和虚设波在某一时刻同相位的话，那么由于v和v_1之间的关系，它们将总是同相位的；另一方面，使虚设波与内在周期性现象同相位的必要条件是：虚设波必定要以相速度c/β传播。这样通过引入一个虚设波恢复了粒子的内在周期性现象和粒子运动之间的关系。

接着L. 德布罗意将虚设波应用到原子中的电子上。在这篇文章中，他用驻波的观念分析了玻尔的量子化条件。既然玻尔的定态理论成立，那么，氢原子中的电子沿玻尔轨道传播一周后应光滑地连接起来，如图10-4所示，这就要求玻尔轨道的周长为电子波长的整数倍，即$2\pi r=n\lambda$，根据关系式$\lambda=\dfrac{h}{vm}$，有$2\pi \cdot mvr=nh$，这正是玻尔的量子条件。由此，L. 德布罗意认为这种波的干涉是玻尔量子化条件的物理基础。

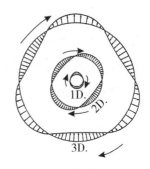

图10-4　原子中电子的轨道图像：驻波

10.2.2　相波分析光学现象

在9月24日的《光学——光量子、衍射和干涉》文章中，L. 德布罗意将虚设波改称相波，因为虚设波的相速度c/β高于c，这会阻碍它携带任何能量。接着，他证明了粒子运动的速度严格地等于相波的群速度，这样把相波同运动的粒子紧密联系在一起。对于光的干涉和衍射现象，他认为是光在通过狭缝时各自的相波相互干涉所致。对于通过狭缝的电子，他预言将会出现电子衍射现象，"从很小的孔穿过的电子束能够呈现衍射现象，这或许是人们借以寻找关于我们的想法的实验证据的方向"。此外，他还讨论了"新力学"和以往的"旧理论"（包括牛顿和爱因斯坦在内的动力学）之间的关系，这个关系正好是波动光学和几何光学之间的关系。在文章的最后，L. 德布罗意认为这种综合是在与17世纪光学和动力学的类比中发展完成的。

10.2.3　相波理论讨论气体运动

在10月8日的以《物理学——量子、气体运动论以及费马原理》为题的论文中，L. 德布罗意首先运用他的相波理论讨论了气体的统计性质，接着，他以更加准确的方式阐述了相波理论：他认为相波与任何粒子相联，且在任何空间点上与粒子内部的周期性现象同相；相波的频率和速度由粒子的能量和速度所决定。

文章最后探讨了费马原理和建立波动力学的关系。粒子的轨道可以由相波的射线来决定，而相波的射线必定能够被费马原理所描述。即 $\delta\int n\mathrm{d}s=0$。$n=\dfrac{\lambda_0}{\lambda}$，其中 λ_0 为光在真空中的波长，λ 为光在介质中的波长，所以有 $\delta\int \mathrm{d}s/\lambda=\delta\int\dfrac{v\mathrm{d}s}{c^2/v}=\delta\int\dfrac{m_0\beta c}{h\sqrt{1-\beta^2}}=0$。另一方面，对力场中的变速运动，粒子的轨道由莫泊丢变分原理 $\delta\int mv\mathrm{d}s=0$ 决定，即 $\delta\int\dfrac{m_0\beta c}{\sqrt{1-\beta^2}}=0$。这就是说费马原理和莫泊丢原理在形式上是相似的，联结几何光学和波动力学的两大原理的基本关系由此得以完全明朗。L. 德布罗意在这篇文章中不仅完善了物质波理论，而且通过费马原理和莫泊丢原理的类比暗示了未来的波动力学与经典力学的关系类似于波动光学与几何光学的关系。这种类比思想与后来薛定谔创立波动力学的想法相似，这正是他对波动力学建立的主要贡献。

10.2.4 博士论文完善相波理论

L. 德布罗意将上述三篇文章合在一起，做了更加完善的论证与发展，作为他的博士论文《量子理论研究》。

在博士论文中，L. 德布罗意详细论述了相波概念；得出了费马原理应用于相波与莫泊丢原理应用于粒子是等同的结论；把电子波概念应用于电子轨道，得到了定态的量子条件，即轨道的周长恰为波长的整数倍；应用相波理论推导出康普顿公式；特别是在论文的第七部分，得出了著名的德布罗意波长公式 $\lambda = \dfrac{h}{m_0 v}$。在结论中，L. 德布罗意说："简言之，我提出了一些也许对促进必要的综合有所贡献的新思想。辐射物理学在今天被奇怪地分成两个领域，而且每个领域分别为两种对立的观念——粒子观念和波动观念——所统治。我们要做的综合就是重新将它们统一起来。"L. 德布罗意没有明确地说明相波是怎样的一种波，而是特别强调这一理论是物理内容尚未充分确定的一种形式上的方案，是一个不成熟的学说。

10.3　相波理论的实验证实

L. 德布罗意的理论由于缺乏实验验证，没有引起人们的注意。但是L. 德布罗意的导师朗之万将L·德布罗意的论文副本寄给了爱因斯坦，爱因斯坦看到后非常高兴，赞赏道"大自然的一角被德布罗意揭开了"。经过爱因斯坦的推荐，人们开始重视物质波理论的研究。L. 德布罗意在1923年9月24日曾经预言电子束在穿过狭缝或小孔时会像光一样产生衍射现象。

1927年戴维孙和革末用低速电子完成了电子的衍射实验；同年G.P.汤姆孙用高速电子进行实验，也获得了电子衍射图样。这两个实验得出的结果完全证实了L. 德布罗意假设的正确性，戴维孙和汤姆孙因此获得1937年诺贝尔物理学奖。

10.3.1　戴维孙曲折的验证之路

戴维孙从1921年起就没有间断过电子散射实验，一直在研究电子轰击镍靶时出现的反常行为。1925年4月，一次偶然的事故使他的工作获得了戏剧性的进展，那天戴维孙和革末正在进行高真空条件下镍对电子散射实验，正当镍靶处于高温之际，液态空气瓶爆裂了，真空装置被打破，靶被进入的空气严重氧化。经过长时间加热精华镍靶后重新实验，他们发现散射电子的角分布完全改变了，出现了同X射线衍射相似的图样。他们查明这种变化是因为在加热过程中多晶靶重新结晶成几块较大单晶体的缘故，但是他们并不知道这一现象的本质是电子衍射。1926年夏，戴维孙到英国牛津参加一次科学会议，获悉了德布罗意理论，立即想到上述现象就是德布罗意波。回到美国后，戴维孙和革末又重新做实验，1927年公布实验结果，完全证实了德布罗意理论，如图10-5所示。

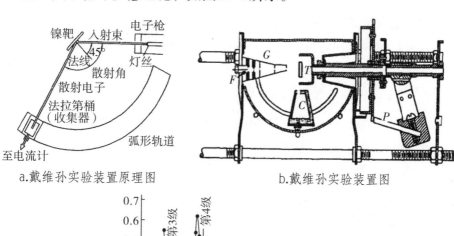

a.戴维孙实验装置原理图

b.戴维孙实验装置图

c.戴维孙1928年发表的曲线

图10-5 戴维孙实验装置、数据曲线

10.3.2　理论指导下的实验验证

如果说戴维孙发现电子衍射走的是一条曲折的道路，那么，G.P.汤姆孙就是走了一条直路。G.P.汤姆孙是电子的发现者J.J.汤姆孙的独生子，从小接受到良好的科学教育，在父亲的指导下进行气体放电等方面的研究。1922年，30岁的G.P.汤姆孙当了阿伯登大学教授，继续做他父亲一直从事的正射线的研究，实验设备主要是电子枪和真空系统。他很欣赏1924年L. 德布罗意的论文，并于1925年向《哲学杂志》投过一篇论文，试图参加有关物质波的讨论。他也参加了1926年在牛津召开的英国科学促进会，不过当时没有见到戴维孙。是玻恩的报告引起了他对德布罗意物质波假说的进一步兴趣，促使他按照埃尔萨塞的方案去探讨电子波存在的可能性。他的实验室有优越的条件可以进行电子散射实验。

1927年他把正射线的散射实验装置做了些改造，把感应圈的极性反接，在电子束所经路径中加铝薄膜作为靶子，让电子束射向感光底片，不久就得到了边缘模糊的晕环照片。这就是最早的电子衍射花纹。

G.P.汤姆孙的电子衍射实验原理和衍射图样如图10-6所示。它的特点是电子束经达上万伏的电压加速后能量相当于$10 \sim 40 \mathrm{keV}$，电子有可能穿透固体薄箔，直接产生衍射花纹，不必像戴维孙的低能电子衍射实验那样，要靠反射的方法逐点进行观测，而且衍射物质也不必用单晶材料，而是可以用多晶体代替。因为多晶体是由大量随机取向的微小晶体组成，沿各种方向的平面都有可能满足布拉格条件，所以可以从各个方向同时观察到衍射，衍射花纹必将组成一个个同心圆环，和X射线德拜粉末法所得衍射图形类似。

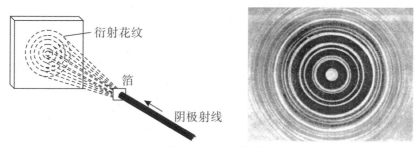

图10-6　G.P.汤姆孙电子衍射实验原理与电子
束通过铝箔的衍射图样

　　1930年斯特恩与他的合作者用氢分子和氦原子的分子束衍射实验证实了普通原子和分子也具有波动性。1945年，欧内斯特·奥兰多·劳伦斯在美国橡树岭国家实验室的石墨反应堆进行了第一次中子衍射实验，证实了中子也具有波动性。物质波衍射实验接连被发现，原子、分子、中子的衍射得到实验验证，并得出了与L.德布罗意完全一致的定量结果。

10.4　相波理论发展

　　1923年L.德布罗意提出物质波假说，经过爱因斯坦的推荐，引起了物理学界的注意并得到深入研究。

10.4.1　物质波——薛定谔建立波动力学

　　奥地利物理学家薛定谔在爱因斯坦的启示之下，通过对德布罗意物质波论文进行研究，在1926年以波动方程的形式建立新的量子理论。

　　薛定谔在分析了L.德布罗意的论文后，认为应该找到一个满足物质波的方程，进而创立一种新力学，并使这种力学在极限情况下趋近于经典力学。1925年10月，薛定谔得到了一份

L. 德布罗意的博士论文，从而得以更深入地研究L. 德布罗意的相波思想。薛定谔在他的第一篇论文中提到了L. 德布罗意的博士论文对他的启示。他写道："我要特别感谢L. 德布罗意先生的精湛论文，是它激起了我的这些思考和对'相波'在空间中的分布加以思索。"

1926年1—6月，薛定谔一连发表了4篇论文，总题目是《量子化就是本征值问题》，这4篇论文对他的新理论做了系统论述。他在1月份发表的第一篇论文中引入波函数的概念，用经典的哈密顿—雅克比方程和变分原理，得到不含时间的氢原子定态薛定谔方程：

$$\nabla^2 \varphi + \frac{2m}{K^2} \left(E + \frac{e^2}{r} \right) \varphi = 0 \text{ 或}$$

$$\nabla^2 \varphi + \frac{8\pi^2 m}{h^2} \left(E + \frac{e^2}{r} \right) \varphi = 0$$

其中$h = 2\pi K$。根据边界条件，E只能取某些确定值，这个方程才有稳定解，得出能量E的本征值（氢原子的能级公式）为：$E_n = -2\pi^2 m \frac{e^4}{h^2 n^2}$，其中$n = 1, 2, \cdots$量子化就成了薛定谔方程的自然结果，取代了玻尔和索末菲的人为规定的量子化条件。

在1926年2月发表的第二篇论文中，薛定谔从经典力学与几何光学的类比及物理光学到几何光学的类比角度，阐述了他建立波动力学的思想，并建立了一个含时间的波动方程。

接着，薛定谔解出了谐振子的能级和定态波函数，结果与海森伯的矩阵力学所得相同。他还处理了普朗克谐振子和双原子分子等问题。

薛定谔的第三篇论文阐述了定态微扰理论，他用波函数详细计算了氢原子的斯塔克效应，结果与实验符合得很好。

薛定谔在第四篇论文中推出了含时间的微扰理论，并将之用于计算色散等问题。

这一组论文奠定了非相对论量子力学的基础。薛定谔把自己的新理论称为波动力学，这一理论成为探究微观世界的理论基础。

10.4.2　玻恩–德布罗意波是一种概率波

玻恩根据弗兰克的散射实验，认为粒子图景不应被简单放弃；利用与经典散射理论的类比，玻恩发现，在薛定谔那里代表德布罗意波的那个函数，与经典散射理论中的微分散射截面成正比。后者具有统计性质，因此玻恩认为，将波视作"粒子的概率密度几乎是不言自明的"。玻恩认为波函数在空间中某一点的强度（振幅绝对值的平方）与在该点找到粒子的概率成正比，这一观点得到玻尔的赞同，成为哥本哈根学派对量子力学的正统解释。

10.5　波与粒子的伟大综合

物质波理论的诞生揭示了物质世界所具有的普遍属性，也启示了人们在对微观粒子进行研究时，不能再局限于经典物理学的框架，标志着波和粒子概念的一次伟大综合的胜利。这一理论还启发玻色、爱因斯坦去完成玻色–爱因斯坦量子统计，引导薛定谔创立波动力学，激励狄拉克等人去构建量子场论。

10.6 贵族科学家

路易斯·维克多·德布罗意出生于法国迪耶普的一个贵族家庭，法国理论物理学家，物质波理论的创立者，量子力学的奠基人之一。1929年获诺贝尔物理学奖，1932年任巴黎大学理论物理学教授，1933年被选为法国科学院院士。他的祖先曾经取得公爵爵位。祖父J. V. A. 德布罗意是法国著名评

图10-7 路易斯·德布罗意

论家、公共活动家、历史学家。父亲A. C. L. V. 德布罗意曾于1871年任法国驻英国大使，1873—1874年任法国首相。哥哥M. 德布罗意按照法国贵族世袭制度的规定，继承其父亲的公爵爵位，是著名的X射线物理学家，承担第二、第三次索尔维国际物理会议秘书，1960年去世后，由L. 德布罗意承袭公爵称号。因此L. 德布罗意在1892—1960年间成为"王子"，在1960年后成为公爵，是名副其实的贵族科学家。

文转理的大学生涯。L. 德布罗意1909年进入大学学习，1910年获得历史学学位，后来深受其兄长M. 德布罗意研究X射线和庞加莱著作影响，转学物理学，1913年获得理学学士学位。在第一次世界大战中，L. 德布罗意应征入伍，在埃菲尔铁塔上的军事无线电报站服役。在此期间，有关无线电波的知识给他留下了深刻的印象。1918年第一次世界大战结束后，L. 德布罗意重新回到大学，师从朗之万攻读博士学位，同时在兄长的实验室研究理论物理学，特别是与量子有关的问题。

（李玉峰　聊城大学）

11

宇宙
从哪里来

——大爆炸理论

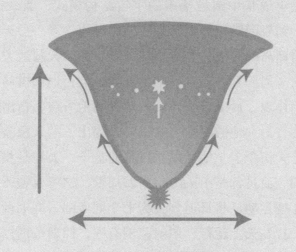

面对浩瀚的宇宙，1927年比利时天文学家和宇宙学家勒梅特首次提出大爆炸理论，后经美籍苏联物理学家伽莫夫完善。大爆炸理论认为宇宙由大约140亿年前发生的一次大爆炸形成。这是迄今为止描述宇宙起源和演化过程最完善的理论。

11.1 历史条件——先民的探索

中外劳动人民对宇宙的结构、生成等问题进行猜测与探索，形成了中国、西方的典型宇宙模型，这些模型的建立符合当时人们对宇宙各种自然现象的观测结果，有效指导了当时的生产、生活实践。

11.1.1 中国宇宙观

中国古代先民对宇宙的研究主要形成了盖天说、浑天说、宣夜说三种学说。

1）盖天说

盖天说是中国最基本的宇宙结构模式，大致起源于商周之际，到战国时期形成较为完整的思想体系。盖天说最早出自周公与商高的对话："方属地，圆属天，天圆地方。"成书于汉朝的《周髀算经》，书中"天如张盖，地如棋局"就是这种思想的体现。后来曾子怀疑简单天圆地方观，指出圆形的天遮盖不住方形大地的四角，并进一步提出，"天象盖笠，地法覆盘"，天像伞盖，地像倒扣过来的盘子，天地是相互平行的穹形曲面，而且都是中央隆起而四周低。这一模型还描述了太阳的周年视运动，将日道划分为七个同心圆，即七衡；太阳像探照灯一样在天上运行，照射范围有限，照射范围以外的地方是黑夜，随着太阳在日道上运行，地面上不同地区就会出现白天和黑夜，可以解释昼夜的变化。

图11-1 《周髀算经》中盖天说示意图

2）浑天说

浑天说始于西汉汉武帝时期的落下闳，到东汉张衡时期形成完整体系。张衡的《浑天仪图注》中有"浑天如鸡子，天体圆如弹丸，地如鸡中黄，孤居于内，天大而地小。天表里有水，天之包地，犹壳之裹黄。天地各乘气而立，载水而浮"。浑天说认为大地是球形的、运动的，地球是宇宙的中心。在此后一千多年的时间里，许多天文学说都是在这个体系基础上丰富发展起来的。

图11-2 张衡的浑天说示意图

3）宣夜说

宣夜说是我国古代相当先进的宇宙结构说，讨论天的性质和天体的运动。战国时代的《庄子·逍遥游》中"天之苍苍，其正色邪？其远而无所至极邪？"采用疑问句的方式表达了宇宙无限的思想萌芽。《晋书·天文志》中记载了东汉郗萌转述的"宣夜说"："天了无质，仰而瞻之，高远无极，眼瞀精绝，故苍苍然也。……日月众星，自然浮生虚空之中，其行其止皆须气焉。"这里描述的是一个广阔无垠并且充满着气、日月星辰在其中运行的宇宙模型，以无限性的宇宙代替了有限的天球。

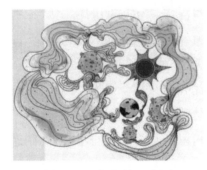

图11-3　宣夜说示意图

11.1.2　西方的宇宙观

古希腊的自然哲学家、近代科学家对宇宙进行猜测和研究，构建了各种宇宙模型，典型的宇宙模型有地心说、日心说、牛顿无限宇宙模型、爱因斯坦静态宇宙模型。

1）地心说

古罗马数学家、天文学家托勒密提出了进行理论研究的基本原则：力求以最简单的假设对各种现象做出统一的解释。托勒密在《天文学大全》中由近及远按照月亮、水星、金星、太阳、火星、木星、土星，最后是恒星天球的顺序，安排了他的地心说宇宙结构。为了说明各个天体的各种表观运动，托勒密建立了一个由偏心轮、本轮–均轮和等距轮三种几何图形组成的表示一组匀速圆周运动组合的精致模型。随着不断增加的天文观测数据和新的发现，所需本轮和均轮数目亦在不断增加，最终竟然达到了100余个。托勒密地心说中关于人类生活在一个稳定不动的地球上的观点，后来为教会所利用，用来论证"地球中心""人类中心"的教义，这个体系流行了一千四百余年。

图11-4　托勒密地心说宇宙体系

2）日心说

1543年哥白尼提出日心说，主要观点是：太阳是不动的，而且在宇宙中心，地球以及其他行星都一起围绕太阳做圆周运动，只有月亮环绕地球运行。日心说把宇宙中心从地球变成了太阳，开启了近代科学革命的序幕。

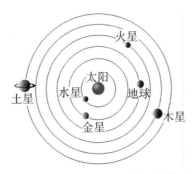

图11-5　哥白尼日心说宇宙体系

181

3）牛顿的无限宇宙模型

牛顿在《自然哲学的数学原理》中表达了绝对时空观和无限宇宙模型。

（1）绝对时空观：时间和空间都是绝对的，绝对时间均匀流逝，绝对空间永恒不变，均与外在事物无关；时间和空间都是无限的；时间和空间相互独立。

（2）宇宙模型：宇宙是无限的。原因如下：如果宇宙有限（存在边界和中心），根据万有引力定律，物体之间都会相互吸引，这样所有物质必然向中心汇集；如果宇宙是无限的，任何一点都可以看作中心，物质受到的各个方向的引力会相互抵消而保持稳定。

4）爱因斯坦静态宇宙模型

随着科学的发展，观测事实证明牛顿的绝对时空观是不对的。1917年，爱因斯坦发表了第一篇宇宙学论文《根据广义相对论对宇宙学所作的考查》，广义相对论是全新的引力理论，它把引力归结为时空弯曲。物质周围的引力场越强，那里的时空弯曲得越厉害。牛顿引力理论只是弱引力场的近似，这时弯曲时空近似为平直时空。爱因斯坦的引力场方程为：

$$R_{\mu\nu} - \frac{1}{2}g_{\mu\nu}R - g_{\mu\nu}\lambda = \frac{8\pi G}{C^4}T_{\mu\nu}$$

其中 $R_{\mu\nu}$ 是里奇曲率张量，R 为里奇标量，$T_{\mu\nu}$ 是能量—应力张量，λ 为宇宙学常数。这里用10个引力势函数确定引力场，是一巨大创新。这个方程所描述的宇宙是一静态的、有限而无界的结构。一个弯曲的三维空间，是可以既有限又无边界、无中心的，如同二维的球面，是有限的，但无边界。数学上把爱因斯坦的静态宇宙表达为三维超球，在这个超球中不论沿什么方向走都走不到边界，只可能回到原地。爱因斯坦静态宇宙模型的提出开启了现代宇宙学。

11.2　大爆炸理论的形成

对于宇宙的研究主要通过观测和数理模型的建构，天文观测的代表人物第谷积累了大量的观测资料，为开普勒行星运动定律的创立奠定了基础；数理宇宙模型如牛顿的无限宇宙模型、爱因斯坦的静态宇宙模型，对于天文观测事实进行解释，建构宇宙的结构。大爆炸理论从解释星系的红移现象出发，经历勒梅特的大爆炸假说、伽莫夫完善的大爆炸理论，被越来越多的证据支持，最终成为成功解释宇宙来源与演化过程的最佳学说。

11.2.1　观测到涡旋星云的光谱红移现象

十九世纪中叶，三种物理方法——分光学、光度学和照相术广泛应用于天体的观测研究，其中用高色散度的摄谱仪观测恒星，证认出某些元素的谱线，根据多普勒效应测定了一些恒星的视向速度。

1）光的多普勒效应

多普勒效应是波源和观察者有相对运动时，观察者接收到波的频率与波源发出的频率并不相同的现象。1848年法国物理学家斐索提出具有波动性的光也会出现这种效应，并对恒星的波长偏移做了解释，因此又被称为多普勒-斐索效应。

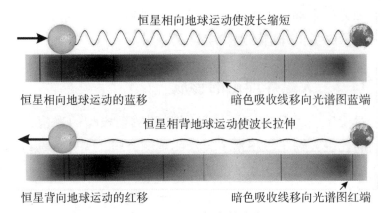

恒星相向地球运动使波长缩短

恒星相向地球运动的蓝移　　　　　　　暗色吸收线移向光谱图蓝端

恒星相背地球运动使波长拉伸

恒星背向地球运动的红移　　　　　　　暗色吸收线移向光谱图红端

图11-6　光的多普勒效应

利用这种现象可以测量恒星的相对速度。光波频率的变化使人感觉是颜色的变化，如果恒星远离我们而去，则光的谱线就向红光方向移动，称为红移；如果恒星朝向我们运动，光的谱线就向紫光方向移动，称为蓝移。

2）发现星系红移现象

1912年工作在洛韦尔天文台的美国天文学家、物理学家维斯托·斯里弗发现，在观察远处涡旋星云的光谱时，地面接收到的15个称为旋涡星云的天体中有11个星云发出的光谱的波长向红端移动。1912到1922年间，斯里弗观测了41个星系的光谱，发现其中有36个星系的光谱发生红移，根据光谱的多普勒效应，他认为这种现象意味着这些星系正在远离地球。

11.2.2　对红移现象的研究

1）"大爆炸假说雏形"提出

乔治·爱德华·勒梅特是比利时神父、宇宙学家。第一次世界大战结束后，勒梅特回到鲁汶大学，并在1920年取得博士学位，随后进入神学院并于1923年接受神职，担任司铎。

1923—1924年间在剑桥大学太阳物理实验室学习，后到美国麻省理工学院学习，在那里他了解了美国天文学家爱德温·哈勃和哈罗·沙普利等人的前沿研究。

1927年勒梅特回到比利时，任鲁汶大学天体物理学教授。同年在《布鲁塞尔科学学会年鉴》上以法语发表了他一生中最重要的研究成果——爱因斯坦场方程的一个严格解（现在称为"弗里德曼-勒梅特-罗伯孙-沃尔克"度规）：均质宇宙的质量不变，半径不断增加。勒梅特还率先推导出"星系离开我们的速度（退行速度）与星系的距离成正比"这一定律，并利用美国天文学家维斯托·斯里弗观测的星系退行速度数据和哈勃发表的星系距离数据，第一个估算了这一比例系数的大小。

1931年，英国天文学家亚瑟·爱丁顿爵士在《皇家天文学会月刊》上发表了一篇关于勒梅特1927年论文的长篇评论，将勒梅特的理论描述为对宇宙学中重要问题的"精彩解决方案"。勒梅特1927年的原始论文于1931年3月以简短的英文译本再次发表，刊载于《皇家天文学会月刊》。随后勒梅特被邀请到伦敦参加不列颠科学协会的会议。在那里，他提出了宇宙是从最初的一个小点——他称之为"原始原子"膨胀而来的理论（后总结在他1946年发表的著作《原始原子假说》中）。他在《自然》杂志上发表了这一观点，后来这一理论被英国天文学家弗雷德·霍伊尔轻蔑地称为"大爆炸"而广为流传。

这是第一次试图从科学上说明导致宇宙开始膨胀的创造事件，虽然勒梅特的思想对20世纪30年代大多数天文学家的观点没有很大的影响，但他成功地在广大听众中普及了关于原始原子的观点。

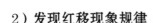

2）发现红移现象规律

1929年天文学家哈勃观测了24个邻近的星系，他将这24个星系的光谱与实验室的光谱做了对比，发现24个星系的谱线都向红端移动。哈勃将其总结成一条定律，即哈勃定律：$z=\dfrac{H}{c}r$，其中r是某星系到地球的距离，c为光速，H为哈勃常数，其值为（50~100）千米/（秒·百万秒差距）。而$z=\dfrac{\lambda-\lambda_0}{\lambda_0}$，称为红移量，$\lambda$为该星系光谱的波长，$\lambda_0$为该光谱在地球上发射并测量到的波长。

由哈勃定律可知，z永远大于零，而且和距离成正比。光谱的红移是光的多普勒效应引起的。$z>0$，说明星系以退行速度v远离我们而去。经计算可知，$v=Hr$，这表明离我们越远的星系退行速度越大。因此，哈勃定律说明宇宙正在膨胀中。

理论和观测都表明，目前的宇宙正在膨胀中。宇宙的膨胀使许多人感到困惑，从地球的角度来看，好像所有的星系都在飞离我们而去，然而地球并不是宇宙的中心，宇宙不同的地方膨胀图像都相同。因此会产生两个问题，一个是宇宙膨胀到何处，另一个问题是宇宙从哪里来。

11.2.3　伽莫夫大爆炸宇宙假说

伽莫夫是勒梅特原始原子（宇宙蛋）的积极支持者，他于1948年在《物理评论》上发表论文，指出：宇宙从温度极高、密度极大、质量极大的原始火球迅速膨胀演化而来，好像一次大爆炸。大爆炸宇宙假说成为现代宇宙学的开端。

我们用宇宙的大小、温度、时间追溯宇宙的形成历史，以时间为线索来呈现大爆炸假说的主要观点，以爆炸时刻为零开始，可以分成以下4个阶段：

1）基本粒子形成阶段

大爆炸至第10秒。宇宙的极早阶段主要是强子和轻子的形成和湮灭，分成量子时代、大一统时代、暴涨时代、强子时代、轻子时代。

（1）0秒：宇宙大爆炸时刻。温度、密度极高状态的点称为奇点。空间和时间诞生于某种超时空，约150亿年前。宇宙起源于一个"原始火球"，它的温度极高，物质密度也极高，并且以基本粒子的形态出现。宇宙是以大爆炸的方式产生的，这种大爆炸是一个在各处同时发生、从一开始就充满整个宇宙空间的爆炸，在大爆炸中，每一个粒子都在做远离其他粒子而飞奔的运动。

（2）10^{-43}秒：约10^{32}度，宇宙从量子涨落背景出现，这个阶段称为普朗克时间。这一阶段，宇宙已经冷却到引力可以分离出来独立存在。宇宙中的其他力（强、弱相互作用和电磁相互作用）仍为一体。

（3）10^{-36}秒：随着宇宙的冷却，引力开始与其他几种力（电磁力、弱核力、强核力）分离。在这个大一统时代，物质和能量可以自由地相互转换。

（4）10^{-32}秒：约10^{27}度，暴涨期，引力已经分离，夸克、玻色子、轻子形成。这一阶段宇宙已经冷却到强弱相互作用可以分离出来，而弱相互作用及电磁相互作用仍然统一于所谓电弱相互作用，这是最初的暴涨。宇宙发生了暴涨，暴涨仅持续了10^{-33}秒，在此瞬间，宇宙经历了100次加倍（2^{100}），得到的尺度是先前尺度的10^{30}倍。

暴涨结束，宇宙从10^{-25}米迅速膨胀到0.1米，以后逐渐膨胀为我们看到的宇宙10^{26}米。宇宙的主要组成成分是光子、夸克、反夸克以及有色胶子。这一阶段没有元素。

（5）10^{-12}秒：约10^{15}度，粒子期，质子和中子及其反粒子形成，玻色子、中微子、电子、夸克以及胶子稳定下来。宇宙变得足够冷，电弱相互作用分解为电磁相互作用和弱相互作用。大量夸克-反夸克粒子从能量中出现，又重新湮灭为能量，胶子、引力子、希格斯玻色子等粒子也在这时出现。此时期称为夸克时期（或电弱时期）。

（6）10^{-6}秒：夸克时期即将结束时，宇宙直径达到$10 \sim 12$ m，温度已经降低到可以让强核力与电弱力（电磁力和弱核力）分离，这以后，宇宙中的作用力和物理定律就和今天的一样了。

（7）1秒：宇宙的温度继续下降，夸克和反夸克各自结合，形成强子。强子包括重子（质子和中子）、反重子和介子，不过它们很快会衰变或湮灭。残存的质子和中子可以通过吸收或放出电子和中微子来相互转化。此时期称为强子时期。

（8）10秒：在强子时期的末期，多数强子和反强子互相湮灭，留下的轻子（电子、中微子）和反轻子成为宇宙中的主角。此时期为轻子时期。

2）元素起源阶段

元素起源主要发生在大爆炸后10秒到3分钟的宇宙时间内。宇宙温度降到10^9 K，宇宙演化时间约为3分钟。中子开始与质子合成氢、氦等核素，形成了几种不同的化学元素——核合成阶段。核合成结束时，氦的含量占25% ~ 30%，氘占1%，其余是氢。

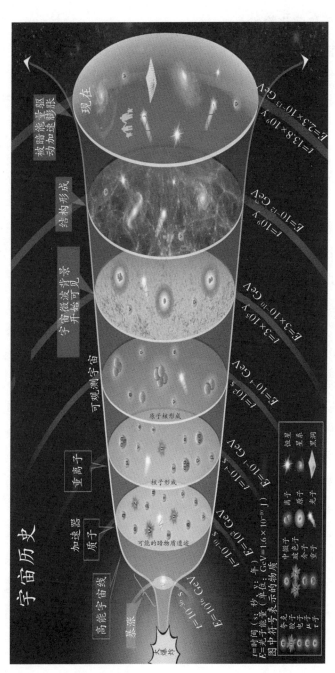

图11-7 宇宙演化历史

3）天体演化阶段

当宇宙演化到大约1万年，温度降为几千度至1万度时，辐射退居次要地位，宇宙进入以实物为主的演化阶段。这个阶段的演化时间最长，宇宙演化所经历的约200亿年都属于这个阶段。

（1）10^{11}秒（10^4年）：10^5度，物质期。在宇宙早期，光主宰着各能量形式。随着宇宙膨胀，电磁辐射的波长被拉长，相应地，光子能量也跟着减少。辐射能量密度与尺度和体积的乘积成反比例减小，而物质的能量密度只是简单地与体积成反比例减小。一万年后，物质密度追上辐射密度且超过它，从那时起，宇宙和它的动力学开始为物质所主导。

（2）10^{16}秒（30万年）：约3000度，化学结合作用使中性原子形成，宇宙主要成分为气态物质，这些气态物质逐步在自引力作用下凝聚成密度较高的气体云块，直至星系、行星和恒星开始形成。

（3）现在：这个阶段随着时间流逝，星系继续退离，宇宙温度继续下降。

4）未来阶段

宇宙要一直膨胀下去，随着星系和恒星内部核燃料的耗尽而走向衰亡，宇宙将成为一个黑暗的世界。

当宇宙膨胀到某一最大体积后，又开始收缩，温度、密度又随之回升得越来越高，最终又恢复到原来的"原初火球"状态。然后在一定条件下，"原初火球"再一次大爆炸，又一次膨胀，最后再回到"原初火球"，如此循环。该理论叫宇宙的闭模型理论，又称为振荡式或脉冲式宇宙理论。

11.3　大爆炸理论的证据

大爆炸宇宙假说提出后如果仅仅依托宇宙膨胀作为单一证据，就被抛弃了。现在科学界有三个证据：一是微波背景辐射；二是恒星和星系物质中的氦丰度；三是宇宙的年龄。

11.3.1　微波背景辐射

"宇宙背景辐射"——大爆炸火球冷却以后余晖的存在，支持了大爆炸理论。令人惊讶的是，在大爆炸事件发生150亿年之后，这种宇宙背景辐射仍充满空间的每个空隙。现在，冷却到的温度为2.726 K（约为-270.3 ℃），它以短波辐射或微波形式出现。尽管宇宙背景辐射占穿过宇宙全部光能流的99%，它还是直到1965年才被发现，并完全是一个偶然的事件。

1964年5月，美国电报电话公司贝尔实验室工作的阿尔诺·彭齐亚斯与罗伯特·威尔孙在美国新泽西州的一个偏远小镇把一台喇叭形的天线指向天空用以研究来自天空的无线电噪声。他们利用这台具有良好性能的天线，开始测量来自天空的噪声，发现扣除大气吸收和天线本身的影响后，有一个3.5 K（波长为7.35厘米，对应温度大约为3.5 K）的微波噪声相当显著。此后一年的观测表明，这种辐射与天线在天空的指向无关，与地球的周期运动、太阳运动无关，因而是弥漫在空间的一种辐射，即背景辐射。由于这一发现，阿尔诺·彭齐亚斯和罗伯特·威尔孙获得了1978年诺贝尔物理学奖。这是对大爆炸假说的有力支持。1989年，美国发射的宇宙背景探测器（COBE）完成了第一项重大任务——自然界最完美的黑体辐射谱；2009年欧洲航天局发射的"普朗克"探测器15个半月内收集的数据汇总绘制成宇宙微波背景辐射图（图11-8）。

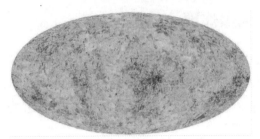

图11-8　宇宙微波背景图

11.3.2　观测到氦元素丰度25%

按照大爆炸假说，当宇宙温度降到10^{10}K后，中微子退耦，从此中子、质子不再互变。此后中子有两条出路，一是自由衰变$n \to p + e^- + \bar{v}_e$，中子的寿命是15分钟，15分钟后，中子不复存在。另一出路是生成原子核，在原子核中得以保存下来。当温度是10^9K时，原子核开始形成，这时中子、质子数之比为$1:7$，所以氦元素的丰度为$Y = \dfrac{2n}{p+n} \approx 25\%$。

经过一百多年对各种恒星的研究，人们得出结论：星际物质中氢和氦的质量丰度比约为$3:1$，这一结果有力地支持了宇宙大爆炸假说，使之成为标准宇宙模型。

11.3.3　宇宙年龄

人们利用已有的技术与知识，利用物质中放射性同位素含量测定物质形成年代的方法测量地球、月亮及来自空间的陨石的年代，发现它们的年龄都未超过47亿年。科学家通过恒星的发光功率和燃料储备估计，银河系最古老的恒星的年龄约为100亿~150亿年。

根据大爆炸假说，按照哈勃定律将星系的距离除以各自的速度，可以估算出宇宙膨胀那一刻距今约为100亿~200亿年，这就是至今"宇宙年龄"的上限。目前观测到的数据都支持大爆炸假说。

11.4 大爆炸理论的挑战

大爆炸理论依然还存在不足。

11.4.1 星系分布的大尺度结构

星系是由数十亿至数千亿颗恒星和气体尘埃构成的庞大天体系统,其尺度跨度从数千到数十万光年。现在能观察到的星系分布与微波背景辐射相比,是很不均匀的。人们利用哈勃定律通过谱线红移测定了数万个星系的距离,从而描绘出星系在三维中分布的图像。分析的结果表明,星系壁上的星系密度为平均密度的5倍,而内密度为平均密度的1/5。这样大尺度的不均匀性是如何形成的?这是宇宙演化理论必须回答的关键问题。

11.4.2 暗物质问题

在宇宙中存在不能直接探测到的"暗物质"。从得到的数据来看,平均宇宙密度中,暗物质要占90%。暗物质是什么?暗物质在宇宙中的分量为什么这么大?这都需要宇宙理论来解释。

11.4.3 大爆炸初期及爆炸前的宇宙

大爆炸理论认为,在爆炸的时刻,密度极大,温度极高,体积极小,而爆炸的能量从何处来?在爆炸前,物理理论是什么?这都是物理研究的前沿问题。

11.5　不断接近宇宙起源的真理

　　大爆炸理论虽然解释了宇宙起源的一些现象，但它面临的挑战也是层出不穷的。对人类而言，回答宇宙起源这个问题是一次对人类思维能力的极限挑战，然而，人类不懈的努力是有价值的，因为他们在不断接近真理。

（李玉峰　聊城大学）

12

华人之光

——弱作用中
宇称不守恒假说

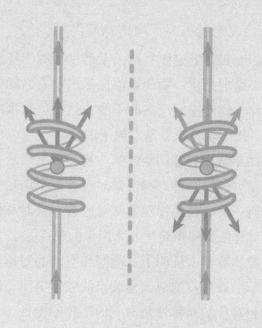

1956年10月，美籍华人杨振宁与李政道在《物理评论》共同发表了《对弱相互作用中宇称守恒的质疑》一文，正式提出了在弱相互作用中宇称不守恒的观点。二人因此获得1957年度诺贝尔物理学奖，这是华人首次获此殊荣。这一发现使得宇称守恒定律仅仅适用于强相互作用和电磁相互作用，说明对称性是不普遍的。

12.1　历史背景

自然界存在许多对称现象，如人的左右手、飞舞的蝴蝶等的左右对称，正三角形在旋转120度时的对称等等，这些都是空间对称。自然界还存在时间对称，如白天和黑夜的变化、四季的交替及其他周期性的变化。随着对自然界的研究，对称的概念进入科学研究的视野。

12.1.1　对称性与守恒定律

对称性和守恒定律密切关系最早来源于经典力学的马赫原理，这个原理指出：物理规律显示出左右之间的完全对称。这里的对称，就是空间反演的不变。这些见解推广到电磁学、量子力学、量子场论以及基本粒子理论。

1915年犹太裔德国数学家、物理学家埃米·诺特建立了诺特定理："任何一种对称性都对应着一个满足守恒定律的物理量。任何一个守恒的物理量都对应着一种对称性。"诺特定理建立了对称性和守恒定律互为因果的关系。

诺特从数学上证明了从时间和空间的对称性出发，可以导出物理学中最基本的三大连续型的守恒定律。比如，与能量守恒定律相对应的对称性是时间的平移不变性；与动量守恒定律相对应的对称性是空间的平移不变性；与角动量守恒相对应的对称性是空间的转动不变性。进一步的研究发现，当空间坐标系左右变换时，在时间的反演下，经典定律都具有不变性。

除了连续变换之外，还有一类变换是分立变换，如空间反演，这个变换是使坐标轴方向完全相反，它不能连续地从一个坐标过渡到另一个坐标。空间反演不变性，实质上是左右对称或镜像对称性。物理规律在空间反演下的不变性，即将系统的所有条件都换成镜像时，系统的运动规律不变。

在微观世界中的对称性分析，可以导致相应的守恒定律和选择定则。比如在微观世界适用的空间平移不变性导致动量守恒，时间平移不变性导致能量守恒，空间转动不变性导致角动量守恒。除了上述三大守恒定律外，还会遇到洛伦兹不变性导致物理规律在不同的惯性系具有相同的形式，空间反演不变性、正反粒子互换均可导致系统宇称守恒，空间反演和电荷共轭联合变换下宇称守恒等等。

12.1.2 左右对称与宇称守恒

1924年，德国物理学家拉波特在对极复杂的铁元素光谱进行分析时观测到：复杂原子的能级可以分为偶能级和奇能级两类。在吸收或放出一个光子的电磁跃迁中，能级的改变总是从偶到奇，或者从奇到偶。

为了解释拉波特发现的这个经验规律，尤金·保罗·维格纳1927年引入宇称这个概念。宇称是一种或奇或偶的性质，用拉波特的定义偶能级带有正宇称，奇能级带有负宇称，因此拉波特发现的规律正好反映了原子在电磁跃迁中的宇称守恒。

在这些领域中，各种状态的粒子也有偶宇称或奇宇称。宇称守恒定律指出，一个体系若是由两个各有偶宇称的小体系组成，那么这个体系也是偶宇称。就像两个偶数相加结果是偶数一样，两个奇数相加得到一个偶数，这意味着两个奇宇称的体系要形成一个偶宇称的体系。当一个偶宇称的体系衰变成两个粒子时，两个粒子必定都是偶宇称，或者都是奇宇称的。而一个奇宇称的粒子分成两个粒子时，必定是一奇一偶。实践证明宇称概念和宇称守恒定律是非常有效的。这些成功让人相信，宇称守恒是物理学中一个基本规律。由于宇称守恒定律经受了大量实验的检验，人们对这一定律深信不疑，左右对称成为自然界的固有规律之一。

维格纳指出宇称守恒正是左右对称或空间反射不变的直接结果，如图12-1所示，进行空间反演，把右旋坐标系改成左旋坐标系，物理定律的实质不发生变化。在空间反演下，宇称一定是守恒的。

宇称的概念和宇称守恒定律在原子物理中取得成功，促使人们进一步将其应用到原子核物理、介子物理和奇异粒子物理现象中。

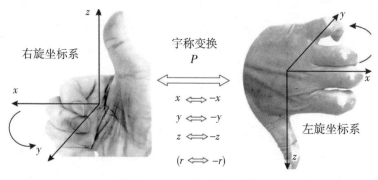

图12-1　宇称变换图解

12.2　弱相互作用下宇称不守恒假说

长久以来形成的守恒定律在所有物理现象中都成立的观念，在20世纪50年代受到来自弱相互作用的冲击。在当时著名的原子破碎器，如布鲁克海文的宇宙射线及回旋加速器、伯克利的高能质子同步加速器中，人们发现了许多新的难以解决的问题，K介子（从原子核中撞击出来的短寿命粒子）衰变问题就是其中一例。

12.2.1　"θ–τ"疑难

1947年，在π介子存在的假说被证实后不久，罗切斯特和巴特勒在宇宙射线的云室照片上发现了一个中性靶子衰变为两个π介子的过程，他们估计这个中性粒子的质量约为$2000m_e$，这个中性粒子就是后来被称为θ的粒子，其衰变过程为$\theta \rightarrow \pi + \pi$。1949年，曾首先探测到π介子的鲍威尔，又利用新的乳胶技术得到了一个粒子转变为三个π介子的过程，他与合作者将这个粒子命名为τ，衰变过程为$\tau \rightarrow \pi + \pi + \pi$，如图12-2所示。

θ及τ粒子的发现，使人们发现了一个未曾预料到的性质（这些粒子协同产生、非协同衰变），因而被称作奇异粒子。许多人预料，如果能弄清奇异粒子的性质，在理论上与实验上都将有突破性的进展，因此引起普遍的兴趣。

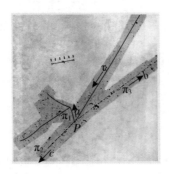

图12-2 核乳胶照片：τ(K_{3π})→3π。τ粒子从图右上方射
入，在P点衰变为三个π介子（图中的a、b、c）。其中的a
在乳胶内部发生核反应，又分成了两条径迹

1954—1956年间，当时对最轻的奇异子（现在称为K介
子）的衰变过程研究中发现一个疑难，即所谓"θ-τ"疑难。
实验中发现了质量、寿命、电荷都相同的粒子，一个叫θ介
子，另一个叫τ介子。这两种粒子的唯一区别是：θ介子衰变
为两个π介子，而τ介子衰变为三个π介子：

$$\theta^{\pm} \rightarrow \pi^{\pm} + \pi^{0}$$
$$\tau^{\pm} \rightarrow \pi^{\pm} + \pi^{\pm} + \pi^{-}$$
$$\tau^{\pm} \rightarrow \pi^{\pm} + \pi^{0} + \pi^{0}$$

已知π的宇称为负，由此可知θ具有偶宇称，τ具有奇宇
称。若坚信宇称守恒，则θ和τ是两种粒子。如果τ和θ是
同一种粒子，则宇称便不守恒。在实验误差范围内，它们的
各种物理量（质量、寿命、电荷）是相等的。这就是著名的
"θ-τ"疑难，该问题很快成为科学研究的一个热点问题。

针对这一疑难问题有两条路，一条路是证明τ粒子和θ粒
子是两种不同的粒子，另一条路是承认宇称守恒定律在弱相互
作用下不成立。因为τ粒子和θ粒子的衰变是在弱相互作用下

发生的。

什么是弱相互作用呢？弱相互作用又叫弱核力，四种基本力中第二弱的、作用距离第一短的一种力。它在 β 衰变中起重要作用，只作用于电子、夸克、中微子等费米子。

12.2.2 李杨合作攻克"θ-τ"疑难

"θ-τ"疑难的解决是由美籍华裔理论物理学家李政道、杨振宁以及实验物理学家吴健雄完成的。他们不仅成功解决了这个疑难，并且由此证明了弱相互作用的宇称不守恒。

1）李政道攻克"θ-τ"疑难的起点

1955年夏，李政道开始与同门师弟杰·奥里尔合作，尝试揭开困扰基本粒子物理学家的"θ-τ"疑难，题为《重介子的猜测》，在不违背宇称守恒的前提下，提出一个 τ 粒子级联衰变理论，解释"θ-τ"疑难。论文发表后，该理论不仅没有被实验所证实，反而被人指出有不合理的地方。这次不成功的尝试，是李政道研究"θ-τ"疑难的起点。

2）李杨提出宇称双重态新理论——守恒定律下的首次尝试

在李政道首次尝试失败后，杨振宁加入研究，两人讨论后决定合作，在传统宇称必然守恒的理论框架内再做一次尝试。他们的新理论中提出了宇称共轭的概念和对应的算符 CP，该理论认为每个奇异粒子都存在一个质量相同、宇称相反的对应的粒子，这种现象被称为质量简并，这样 θ、τ 衰变宇称不同的终态就不违背守恒定律。这篇题为《重介子的质量简并》的论文于1956年4月发表在《物理评论》上。但这个理论后来被证明是错误的，故二人各自出版的论文选集中都未收录此文。

3）杨振宁舌战群雄

1956年4月3日—7日，第六届国际高能核物理研讨会在纽约州罗切斯特大学召开，全世界的理论物理学家聚集一堂。《1956年罗切斯特会议论文集》收录了会议报告人提交的论文文本，包括会议现场讨论的纪要。那时会议只有受到邀请的物理学家才有资格出席。李政道、杨振宁都受邀参加了会议。

图12-3　第六届国际高能核物理研讨会大师云集

杨振宁是第一个报告人，负责对奇异粒子研究状况进行综述。杨振宁在报告中重点讨论了奥本海默给出的$K_{3\pi}$、$K_{2\pi}$，即通常所说的τ粒子、θ粒子。针对"$\theta-\tau$"疑难，杨振宁重点报告了与李政道共同提出的宇称双重态新理论。根据这个理论，在各种粒子中存在一种他们称为宇称共轭的对称性CP，每一个宇称为+1的奇异子都存在宇称为–1的伴侣粒子。它们在各自衰变过程中宇称守恒。这样观测到的"$\theta-\tau$"宇称相反的衰变模式，就不会违反宇称守恒定律。

在本次大会上，理论学者提出了不同的观点来解释"$\theta-\tau$"疑难，李杨的理论遭到质疑，杨振宁对各种质疑进行进一步争辩无果。正如奥本海默教授的总结所说，参考历史经验，"迎接未来带来的意外惊喜"是解决"$\theta-\tau$"疑难的唯一出路。这次大会对于"$\theta-\tau$"疑难并没有给出完美的解释。

4）李政道与斯坦伯格讨论获得检验宇称是否守恒的灵感

加速器中微子实验先驱杰克·斯坦伯格从1953开始在美国纽约长岛布鲁克黑文实验室从事超子的自旋角动量和寿命实验研究。1956年4月斯坦伯格在罗切斯特会议上报告了奇异超子的寿命和自选角动量的初步结果。斯坦伯格采用"两面角"来测量奇异超子的自旋角动量。在会上，伯克利大学的卡普勒斯提出了一个改进方法。斯坦伯格到李政道办公室探讨卡普勒斯的方法。

在与斯坦伯格讨论超子自选角动量测量方法的时候，李政道忽然来了灵感，想到了检验超子衰变宇称是否守恒的方法。如图12-4所示，如果奇异超子 Λ^0 衰变宇称不守恒，π介子就会倾向沿着自旋磁矩的指向发射，集中产生在图12-4的下半球面；如果宇称守恒，π介子的发射方向与超子的自旋磁矩指向无关，π介子均匀分布于以超子为中心的球面。因此可以根据上下半球面的分布来证明衰变过程中宇称是否守恒。

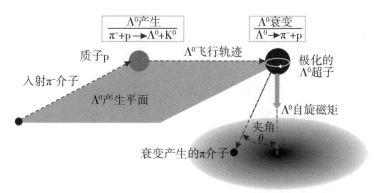

图12-4　利用超子衰变实验验证宇称守恒实验原理图

李政道和斯坦伯格约定，实验分析结果的论文由斯坦伯格来写（这篇奇异超子实验论文于1956年9月发表在《物理评论》上），李政道撰写关于宇称在奇异子衰变中守恒的理论文章，说明检验超子宇称守恒的方法原理。正是这次讨论成为成功破解"θ-τ"疑难的起点。

5）李杨争辩验证宇称守恒方法，决定分工合作研究β衰变

杨振宁在听完斯坦伯格的报告后表达了反对意见，认为从超子衰变过程中绝对不能得到任何有关宇称是否守恒的信息。斯坦伯格把杨振宁的观点告知了李政道。

1956年5月初，李政道约杨振宁来哥伦比亚大学自己办公室讨论超子衰变过程中验证宇称是否守恒的原理。在一个中餐馆，李政道向老板要了纸笔，画图解释利用超子衰变产生 π 介子的对称性，检验宇称是否守恒的原理，杨振宁认识到李政道的思路是对的，态度从反对变成赞同。

午饭后，回到李政道办公室，杨振宁看到李政道正在写的论文《超子衰变宇称不守恒分析》，李告诉杨，他计划将论文与斯坦伯格的实验文章同时发表，并说明下一步计划进行关于超子宇称不守恒的分析，推广到弱相互作用。杨振宁建议先不要发表关于超子宇称守恒的文章，应先尽快研究 β 衰变，这样可以把整个弱作用领域的宇称守恒问题都分析清楚，理论影响更大。李、杨决定分工合作，完成这项工作。杨振宁返回长岛家中。

6）李政道、吴健雄共议β衰变

1956年早春的一天，李政道到哥伦比亚大学浦品实验室13楼吴健雄办公室，拜会了当时世界上最杰出的实验物理学家、从事β衰变实验研究二十余年的吴健雄，与她探讨β衰变实验

现状。[①]

李政道首先介绍了为了解决"θ–τ"疑难，利用自旋极化的超子衰变所产生π介子分布的空间上下不对称来验证宇称守恒的方法。接着提到有人建议用核反应中产生的自旋极化的原子核，或者用核反应堆产生的自旋极化慢中子来做这两个实验。吴健雄认为这两种方法都不好，建议采用天然β射线放射源钴–60原子核同位素。钴–60原子核自旋磁矩很大，具有极强的极性，在超低温下自旋磁矩可以顺着外加磁场产生很强的可控的极化现象，是理想的验证宇称不守恒的手段。吴健雄还借给李政道一本权威的β衰变的参考书，帮助他了解实验方法。

7）李杨计算β衰变宇称是否守恒

原子核β衰变是十分复杂的现象，在数十年的实验观测和理论分析中宇称守恒都是不言自明的前提。李杨二人需要首先确定在已有的β能谱实验中是否存在宇称守恒的确切证据；其次需要确认在β衰变理论中，如果加入宇称不守恒的因素，计算结果与已有实验是否符合。这两项工作都需要烦琐的计算。

就这样，李政道在哥伦比亚大学，杨振宁在布鲁克黑文实验室，分别以综述为依据，核对各种类型的β衰变的实验设计、理论计算和实验结果。二人很快发现，在综述所列举的所有实验结果中，涉及强相互作用和电磁相互作用都是宇称守恒的，实验结果精确无疑。但在涉及弱相互作用的β衰变实验中，没有任何一项实验能够证明宇称守恒。这一发现大大提高了李政道对弱相互作用宇称不守恒的信心。

下一步，李杨在β衰变理论中加入宇称不守恒的因素。费米教授的β衰变理论与实验吻合得很好。通常β衰变理论要考

①吴健雄. 宇称不守恒的发现［J］. 科学，2008，60（01）：32–36.

虑S、P、V、A、T五种耦合方式，计算涉及5个耦合系数CS、CP、CV、CA、VT，这五种系数都是宇称守恒的。为了探讨宇称不守恒的影响，李杨增加了物质对应的不守恒的耦合系数。考虑两组耦合系数的交叉项，计算更加复杂，李杨很快分别确认，对吴健雄参考书中所列举的各类β衰变，计算得到的参数与实验结果吻合很好。

8）李政道执笔《弱相互作用宇称守恒质疑》

1956年5月初，李杨（如图12-5）从决定合作到论文完成，只花了几周时间。论文合作期间二人经常电话交流并每周互访。5月底，李政道执笔完成了题为《弱相互作用宇称守恒质疑》的重要论文（发表在104期《物理评论》上）。

图12-5 李政道（左）和杨振宁（右）

论文认为仅仅依据θ、τ衰变产生宇称相反的终态这一事实并不能够确认宇称不守恒。宇称守恒定律强相互作用与电磁相互作用已经前人验证过，宇称是守恒的，而在弱相互作用中，宇称守恒定律并没有经过实验验证。由此推论：与一般确信的守恒定律相反，在弱相互作用中可能并不存在宇称守恒这一规律。如果宇称守恒在弱相互作用中不成立，那么宇称的概念就不能用在θ和τ的衰变过程中，因此θ和τ可以是同一粒子，"θ-τ"疑难迎刃而解。

论文提到可以通过β衰变、π–μ–e衰变和奇异子Λ^0等实验来检验宇称是否守恒。判决性实验基本原理是，设置两组含弱相互作用而互为镜像的实验装置，考察这两组装置是否得出相同的结果，如果结果不一样，就可以肯定宇称不守恒。其中β衰变可以选钴–60，测量极化的^{60}Co原子核所放射的β粒子（即电子）的角分布，从而检验左右是否对称。

12.3　吴健雄^{60}Co的β衰变实验检验宇称守恒

在大量的研究中，人们一直使用宇称守恒定律，从来没有想到需对它是否适用于β衰变过程进行检验。李、杨的假设提出来以后，很多人对此不以为意。甚至连著名的物理学家泡利也对此表示怀疑，他曾开玩笑地说："我就不相信上帝竟然是一个左撇子！"他甚至以1000美元打赌，坚持认为实验最后将证明宇称是守恒的。

很快极化核β衰变实验由哥伦比亚大学美籍华人实验物理学家吴健雄教授和美国华盛顿国家标准局的安布勒、海华德、霍普斯和赫德森一起利用低温技术实现，如图12-6至图12-8所示。

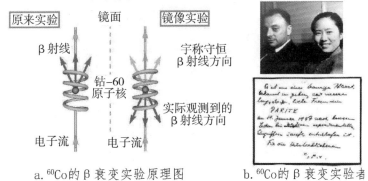

a.^{60}Co的β衰变实验原理图　　b.^{60}Co的β衰变实验者

图12-6　^{60}Co的β衰变

物理学中的假说

1957年1月15日，在美国哥伦比亚大学浦品物理实验室818房间，哥伦比亚大学物理系召开新闻发布会，宣布物理学的一个基本定律——宇称守恒定律出人意料地被推翻了。前排为李政道(右1)和吴健雄(右2)，后排左起为美国国家标准局的安布勒、赫德森和霍普斯。

图12-7　宣布宇称守恒定律被推翻的新闻发布会

2005年12月，李政道等参观当年吴健雄等验证在弱作用中宇称不守恒的实验装置（图中左侧），这套装置由美国国家标准与技术研究院保藏。

图12-8　弱作用中宇称不守恒的实验装置

　　1956年吴健雄研究小组根据李政道和杨振宁的建议，设计了检验弱相互作宇称不守恒的实验方案。首先，被检验的过程应是包含弱相互作用的，当时已知原子核 β 衰变、π-μ 和 μ-e 衰变都可以作为研究对象。为了确定这类过程是否左右对称，必须设计特别的装置，使实验能在彼此互成镜像的两套装置中进行。如果在这两套装置中，实验过程都能顺利地产生，说明这一过程就是左右对称的，否则过程就是宇称不守恒的。根据这一思想，吴健雄设计了^{60}Co的 β 衰变实验。

　　为了减少热运动，把钴盐放在极低的温度（0.01K）下，用强磁场把^{60}Co核的自旋方向极化，即使核的自旋几乎都在同一个方向。反应中^{60}Co经 β 衰变：

　　^{60}Co→^{60}Ni+e$^-$+$\bar{v}_e$，即释放出电子e$^-$、反中微子$\bar{v}_e$，而衰变为^{60}Ni原子核。他们先使磁化线圈电流沿某一方向使^{60}Co核极化，再改变线圈电流方向，磁场方向也随之改变，从而^{60}Co核的自旋方向也变为反向，两次分别用同一探测器测出 β 衰变放出的电子数。实验结果表明，两次测得的电子数有很大差异，绝大多数电子的初射方向都与^{60}Co核的自旋方向呈左手螺旋关系，而不是右手螺旋关系。如果宇称守恒，左与右应对称，对于左手与右手两种螺旋情况应视为均等，放射电子数也不应该有明显的差异。所以，无须依靠任何 β 衰变理论，都可以说明这种衰变是宇称不守恒的。

　　在 β 衰变宇称不守恒被证实后，另外两个物理研究小组又分别证实了 μ 衰变中的宇称不守恒，这是由弗里德曼、特莱格迪在芝加哥用照相乳胶以及伽温、莱德曼和温里奇在哥伦比亚用电子学方法实现的。在实验中，他们发现 μ 子自旋方向与衰变中发射电子的方向有密切联系，从而也证实了 μ 衰变中的宇称不守恒。

12.4　中国人首度获得诺贝尔奖

由于得出了弱相互作用下的宇称不守恒定律，杨振宁和李政道共同获得了1957年度诺贝尔物理学奖，这是中国科学家首次获得诺贝尔物理学奖，如图12-9。当时李政道年仅31岁，是历史上第二个最年轻的诺贝尔奖获得者。同年杨振宁和李政道一起获得爱因斯坦科学奖。

图12-9　杨振宁（左一）与李政道（左三）出席诺贝尔奖颁奖典礼

长久以来，人们相信与时空对称性相联系的守恒定律在所有相互作用中都是严格成立的。弱相互作用中宇称不守恒现象的发现，在人们的思想中引起了很大的震动。它是一种观念上的突破，它促使物理学家重新认真审查其他各种时空对称守恒定律的正确性，同时，它开启了人们对弱相互作用认识的新纪元，大大推动了人们对弱相互作用理论和实验的研究。

12.5　李杨获奖分离成憾事

杨振宁1945年底到达美国，进入芝加哥大学物理系学习，师从诺贝尔奖获得者、世界上第一座原子反应堆建造主持者费米教授和美国氢弹之父泰勒教授。李政道1946年赴美留学，进入芝加哥大学，成为费米的研究生。

李杨二人在学术上的合作始于1949年，终止于1962年，二人合作署名发表学术论文32篇。首次合作，第一篇学术论文以快讯的形式论述了弱相互作用场粒子，发表在《物理评论》上。1962年5月12日出版的美国《纽约客》杂志上刊登了伯恩斯坦写的《宇称问题侧记》，记述李杨合作发现宇称不守恒的故事。这篇文章成为李杨分裂的导火线。两人争论的焦点是在文章中署名的先后问题，按照英文顺序是李-杨，按照年龄顺序是杨-李。经过这次争论，二人决定暂停合作，成为科学史上的憾事。

李杨二人合作对于物理学的贡献主要表现在三个领域，第一个领域是弱相互作用理论，二人于1956—1957年发现宇称、电荷共轭、时间反演在弱相互作用中不守恒，以及电荷共轭和宇称联合不守恒，其中宇称不守恒获得1957年度诺贝尔物理学奖。第二个领域是统计力学和凝聚态理论，以二人名字命名的定理，留在统计力学中。第三个领域是高能中微子。

关于二人的合作与分开，二人有着不同的见解。李政道在他的文章《破缺的宇称》中有如下描述："从1949年到1962年，杨和我共同写了32篇论文，范围从粒子物理到统计力学，合作紧密而富有成果，有竞争也有协调。我们在一起工作，发挥出我们每个人的最大能力。合作的成果大大多于每个人单独工作可能取得的成果。"

杨振宁在写于1982年的《获诺贝尔奖的论文产生经过》一文后记里写道："我们的讨论集中在 $\theta-\tau$ 之谜上面。在一个节骨眼上，我想到了，应该把产生过程的对称性同衰变过程分离开来。于是，如果人们假设宇称只在强作用中守恒，在弱作用中则不然，那么 θ 和 τ 是同一个粒子且自旋、宇称为0（这一点是由强作用推断出的）的结论就不会遇到困难？李政道先是反对这种观点。我力图说服他，后来他同意了我的意见。"杨振宁坚信获得诺奖的成绩是在他的影响下完成的。

2003年7月李政道曾公开发表一封信，信中说："我和杨振宁的分裂，无疑是中华民族的一个很大的悲剧，但它是事实，无法回避。"同时对真相做了公开说明，"我和杨振宁争论的主要焦点是：在1956年我们合作发表，1957年获得诺贝尔奖的论文中，有关宇称不守恒的思想突破是谁首先提出来的"。

12.6   尽己所能答国恩

两位物理天才因为署名先后的原因没有继续合作，却都竭尽所能回报祖国。1972年，杨振宁和李政道先后回国访问，深刻地影响了中国的科学与教育事业。

李政道1978年推动中国科技大学创建科学天才少年班，1979年推动中国学生留美攻读物理学博士计划，推动北京正负电子对撞机建设，1985年推动建立博士后制度，1986年与众多科学家一起推动设立国家自然科学基金委员会，1986年创建中国高等科技中心并担任主任；1998年为了纪念逝世的夫人秦惠䇹，设立"䇹政基金"，支持两岸六所高校优秀本科生进行科研见习工作。2021年，李政道教授度过了95岁华诞。[①]

① 卢新华. 华夏赤子　科坛艺光：庆贺李政道先生95岁华诞　开启艺术与科学融合的创新时代［EB/OL］.［2022-05-08］. https://www.ad.tsinghua.edu.cn/info/1067/61785.htm.

图12-10　李政道教授95岁华诞

　　杨振宁1980年在纽约成立"与中国教育交流委员会（CEEC）"，资助中国学者到石溪大学访问；1983年在香港创立中山大学高等学术研究中心基金会，资助中青年学者；1983年12月推动中科大少年班设立计算机软件专业；1997年推动清华大学设立清华大学高等研究中心，出任荣誉主任，帮助清华大学引进顶尖人才，募集办学资金；1999年在香港中文大学设立杨振宁学术资料馆；进入新世纪以来，2000年在南京大学、香港中文大学设立杨振宁奖学金，表扬学术成绩优异的同学；2003年回清华大学常住，在清华大学设立杨振宁讲座基金，聘请国际知名学者来清华大学从事科学研究；2004年开始，81岁的杨振宁在清华大学为本科生讲授普通物理学。2021年，杨振宁教授在清华大学度过百岁华诞，设立杨振宁资料室。①

（周占斌　高唐县第一实验中学）

---

① 李晨晖，吕婷，李若梦. 功在世界　心怀家国：杨振宁先生学术思想研讨会　贺杨先生百岁华诞在清华大学举行［EB/OL］.［2022-05-08］. https://www.tsinghua.edu.cn/info/1181/87220.htm.

参考文献

[1]金若水，胡家，姚子鹏. 关于热动说和热质说的论战[J]. 复旦学报（自然科学版），1976.

[2]陈自悟. 从哥白尼到牛顿[M]. 北京：科学普及出版社，1980.

[3]李家善. 哥白尼[M]. 上海：少年儿童出版社，1981.

[4]王锦光，闻人军. 物质波理论的创始人：德布罗意 祝贺德布罗意九十寿辰[J]. 大学物理，1982.

[5]张瑞琨，吴以义. 德布罗意波动概念的提出：纪念德布罗意的《波和量子》发表六十周年[J]. 自然杂志，1983.

[6]张双明. 普朗克黑体辐射公式的由来（摘要）：并由它导出维恩位移定律，近似计算b的数值准确到四位有效数字[J]. 天津理工学院学报，1984.

[7]王云程. 热质说和它的影响[J]. 高师函授，1985.

[8]李醒民. 哲学是全部科学研究之母 下：狭义相对论创立的认识论和方法论分析[J]. 社会科学战线，1986.

[9]广重彻. 物理学史[M]. 北京：求实出版社，1988.

[10]许志建. 分子电流的假说能够解释各种磁现象吗？[J]. 西安航空学院学报，1991.

[11]马建凯. 试论科学假说法及其在物理教学中的应用[J]. 新疆师范大学学报（哲学社会科学版），1992.

[12]宋佰谦. 安培：电学中的牛顿[M]. 南宁：广西人民出版社，1992.

[13]周又元，吴智仁. 宇宙大爆炸理论的新证据[J]. 科学，1992.

[14]大爆炸理论再次"爆炸"[J]. 自然杂志，1992.

[15]刘方新，李宗民. 热质说与早期热力学[J]. 物理，1992.

[16]郝宁湘. 宇称不守恒的哲学启示：兼评李政道的对称与对称破缺思想[J]. 自然辩证法研究，1992.

[17]王晓明. 从普朗克的两次量子假设看科学信念对科学研究的影响[J]. 华中理工大学学报（社会科学版），1993.

[18]郭奕玲，沈慧君. 物理学史[M]. 北京：清华大学出版社，1993.

[19]张小平. 验证安培的分子电流假说[J]. 物理教师，1994.

[20]魏凤文，申先甲，20世纪物理学史[M]．南昌：江西教育出版社，1994.

[21]高光明，韩春柏．"分子电流假说"的历史研究[J]．安徽师范大学学报，1994.

[22]郭健．光的微粒说与波动说[J]．中学物理教学参考，1994.

[23]刘小春．普朗克为什么会倒退[J]．长沙水电师院学报（社会科学学报），1994.

[24]金蓉．普朗克与量子论：物理学方法案例考察[J]．成都师专学报，1995.

[25]朱振和．关于德布罗意波的讨论[J]．中央民族大学学报（自然科学版），1996.

[26]刘勇，项莉．试论假说在物理学发展中的作用[J]．西安公路交通大学学报，1998.

[27]李树春．菲涅耳与光波动说[J]．延安大学学报（自然科学版），1998.

[28]王较过，东延民．光的波动说判定性实验[J]．陕西师范大学学报（自然科学版），1998.

[29]金蓉．试论物理假说之源[J]．安徽师范大学学报（自然科学版），1999.

[30]爱民．时间史对大爆炸理论的挑战[J]．高能物理参考资料，1999.

[31]王秀云. 中学物理教学中的"科学假说"[J]. 中学物理, 2000.

[32]张晓敏, 刘雪梅, 安培对电磁学的贡献[J]. 物理实验, 2001.

[33]刘锋. 历史的转折: 热动力说战胜热质说[J]. 四川教育学院学报, 2001.

[34]肖明, 刘明. 德布罗意和物质波的诞生[J]. 物理, 2001.

[35]彭爱贤. 假说及其在物理学发展过程中的作用[J]. 教育实践与研究, 2002.

[36]文祯中, 自然科学概论[M]. 南京: 南京大学出版社, 2002.

[37]黄志洵. 论狭义相对论的理论发展和实验检验[J]. 中国工程科学, 2003.

[38]杨发文. 德布罗意和物质波理论的诞生: 纪念德布罗意诞辰110周年[J]. 物理通报, 2003.

[39]李普选, 赵强, 张孝林. 安培分子电流假说思想的应用[J]. 物理与工程, 2003.

[40]朱纪东. 论狭义相对论的实验基础[J]. 上海电力学院学报, 2003.

[41]谭坤. 托马斯·杨与光的波动说的兴起[J]. 潍坊学院学报, 2003.

[42]徐众, 黄月明. 爱因斯坦"光量子"假说的时代意

义[J]. 承德职业学院学报，2003.

[43]侯保才，李新. 光的波动说的复兴与创造性思维：类比推理[J]. 开封教育学院学报，2004.

[44]戴念祖. 爱因斯坦在中国及其创建狭义相对论的历史背景[J]. 物理，2005.

[45]李秀珍，张东升，薛美. 论假说在物理学发展中的作用[J]. 泰山学院学报，2005.

[46]程民治. 浪漫主义艺术家爱因斯坦：纪念狭义相对论创立100周年[J]. 物理与工程，2005.

[47]余长敏. 漫评热的本性：热质说与热动说[J]. 物理教师，2005.

[48]吴小超，肖明. 论爱因斯坦光量子假说及其革命性意义[J]. 培训与研究（湖北教育学院学报），2005.

[49]邓明富. 从"光量子假说"到激光技术百年[J]. 中学物理教学参考，2005.

[50]谢潮涌，张新海. 物理假说的特征及其对物理学发展的意义[J]. 教学与管理（理论版），2007.

[51]周奇. 时间、空间与运动：狭义相对论及其伟大科学意义[J]. 大学物理，2008.

[52]王有年. 物理教学中培养学生形成假说的能力[J]. 内蒙古教育，2008.

[53]方卫红，肖晓兰. 光的波动说与微粒说之争及其启示[J]. 物理与工程，2008.

[54]吴健雄. 宇称不守恒的发现[J]. 科学，2008.

[55]吕增建，陈小敏. 光的"微粒说"与"波动说"之争[J]. 科技导报，2009.

[56]廖洪忠. 万有引力定律和库仑定律类比研究[J]. 物理教学，2009.

[57]赵峥. 《相对论、宇宙与时空》连载②：爱因斯坦与狭义相对论　上[J]. 大学物理，2009.

[58]赵峥. 《相对论、宇宙与时空》连载③：爱因斯坦与狭义相对论　下[J]. 大学物理，2009.

[59]赵峥. 《相对论、宇宙与时空》连载④：爱因斯坦与广义相对论　上[J]. 大学物理，2009.

[60]赵峥. 《相对论、宇宙与时空》连载⑤：爱因斯坦与广义相对论　下[J]. 大学物理，2009.

[61]陈洪. 大爆炸理论[J]. 现代物理知识，2009.

[62]李雪洁，朱翠华. 量子理论的伟大奠基者：普朗克[J]. 现代物理知识，2009.

[63]祝娅，樊丽娟，李宗宝. 论物理发现中的假说[J]. 云南大学学报（自然科学版），2010.

[64]冼维平. 浅谈物理研究的"假说"思想[J]. 中学物理，2010.

[65]刘佑昌，现代物理思想渊源：物理思想纵横谈[M]. 修订版. 北京：清华大学出版社，2010.

[66]吴志明. "假说演绎法"在物理探究教学中的运用[J].

教学月刊〔中学版（教学参考）〕，2011.

[67]张唯诚. 始于烈焰：宇宙大爆炸理论诞生始末[J]. 科学24小时，2012.

[68]李政道. 吴健雄和宇称不守恒实验[J]. 物理，2012.

[69]蒋道平，徐飞. 从哥白尼革命看科学精神的塑造：写在《天体运行论》发表 470 周年之际[J]. 科学学研究，2013.

[70]巨乃岐. 科学思维方式的一场革命：爱因斯坦狭义相对论思想解读[J]. 天中学刊，2013.

[71]周德红，吴以义，陈敬全. 哥白尼日心说的建立何以是一次科学革命[J]. 科学，2014.

[72]张懿，史博臻. 宇宙如何诞生，从此不靠假说[N]. 文汇报，2014.

[73]李艳青，智丽丽，陈惠敏. 黑体辐射与普朗克能量子假设[J]. 高师理科学刊，2014.

[74]叶建柱. 物理探究式教学中的科学假说之辨析[J]. 课程·教材·教法，2015.

[75]黄翔. 曲折的理性之路：反思吴以义的《从哥白尼到牛顿：日心学说的确立》[J]. 自然科学史研究，2015.

[76]赵峥. 爱因斯坦与狭义相对论的诞生[J]. 大学物理，2015.

[77]赵峥. 爱因斯坦与狭义相对论的诞生：续[J]. 大学物理，2015.

[78]郝详，石亚东．"光电效应"实验的发展脉络[J]．物理通报，2015．

[79]李政道．吴健雄和宇称不守恒实验　续[J]．实验室研究与探索，2016．

[80]李政道．吴健雄和宇称不守恒实验[J]．实验室研究与探索，2016．

[81]黄庆桥．宇称不守恒理论在新中国的传播与影响[J]．自然科学史研究，2016．

[82]吴国胜．科学的历程[M]．第四版．长沙：湖南科学技术出版社，2018．

[83]单钊．践行学科核心素养培养科学审美情趣：以"万有引力定律及应用"教学为例[J]．物理教学，2018．

[84]吴国胜．科学的历程[M]．第四版．长沙：湖南科学技术出版社，2018．

[85]董彦邦，刘莉，姜燕媛．诺贝尔物理奖"弱相互作用下宇称不守恒"的发现案例研究[J]．世界科技研究与发展，2018．

[86]卞望来．科学探究视角下的中美高中主流物理教材比较研究：以"万有引力与航天"单元教学为例[J]．物理教师，2019．

[87]周洪池．指向核心素养的高中物理问题导学式复习课的教学设计：以"万有引力定律及其应用"为例[J]．物理教师，2019．

[88]骆文洲，梁旭．基于核心素养的教学设计：以"万有引力定律"教学为例[J]．物理教学，2019.

[89]陈晶．光电效应实验的历史追溯与研究[J]．当代教研论丛，2019.

[90]张恩德．中美澳高中物理教科书设计比较研究：以"万有引力"为例[J]．教育科学研究，2020.

[91]王延锋．析"分子电流"假说引发的一场争论[J]．自然辩证法研究，2020.

[92]马克斯·普朗克，曹则贤．论黑体辐射定律的基础[J]．物理，2020.

[93]李庆林．剖析光电效应及其实验规律[J]．中学物理教学参考，2020.

[94]魏学锐．善于提出质疑，寻求科学论证：万有引力定律推导过程中一个"佯谬"的探讨[J]．物理教学，2021.